U0484729

一看就懂的心理学

INSTANT PSYCHOLOGY

KEY THINKERS, THEORIES, CONCEPTS AND TECHNIQUES EXPLAINED ON A SINGLE PAGE

[英] 妮基·海斯（Nicky Hayes）
[英] 萨拉·汤姆利（Sarah Tomley） 著
杨 梦 译

中国科学技术出版社
·北 京·

Instant Psychology by Nicky Hayes and Sarah Tomley/ISBN:978-1-78739-418-6
First Published in 2021 by Welbeck,
an imprint of Welbeck Non-Fiction Limited,
part of the Welbeck Publishing Group

图书在版编目（CIP）数据

一看就懂的心理学 /（英）妮基·海斯,（英）萨拉·汤姆利著；杨梦译．—北京：中国科学技术出版社，2022.5

书名原文：Instant Psychology: Key Thinkers, Theories, Concepts and Techniques Explained on a Single Page

ISBN 978-7-5046-9546-8

Ⅰ．①一… Ⅱ．①妮… ②萨… ③杨… Ⅲ．①心理学—通俗读物 Ⅳ．① B84-49

中国版本图书馆 CIP 数据核字（2022）第 057552 号

策划编辑	杜凡如　王雪娇
责任编辑	庞冰心
封面设计	仙境设计
版式设计	蚂蚁设计
责任校对	张晓莉
责任印制	李晓霖

出　　版	中国科学技术出版社
发　　行	中国科学技术出版社有限公司发行部
地　　址	北京市海淀区中关村南大街 16 号
邮　　编	100081
发行电话	010-62173865
传　　真	010-62173081
网　　址	http://www.cspbooks.com.cn

开　　本	787mm × 1092mm 1/16
字　　数	206 千字
印　　张	12
版　　次	2022 年 5 月第 1 版
印　　次	2022 年 5 月第 1 次印刷
印　　刷	北京盛通印刷股份有限公司
书　　号	ISBN 978-7-5046-9546-8/B · 88
定　　价	79.00 元

（凡购买本社图书，如有缺页、倒页、脱页者，本社发行部负责调换）

引　言

心理学是一门关于人的学科。因为人类的复杂性，它也是我们能想象到的涉猎最广泛、内容最庞杂的学科之一。我们的成长环境离不开其他人，因此我们总轻易地以为自己了解人类，从而对人类的行为妄下定论。

然而，通过学习心理学，我们可以了解到这些结论几乎都是错误的，或者说，充其量只是部分正确而已。了解人类并不是简单的读心术，而是从各心理学领域的角度汇总分析，理解人类不同行为的原因，这可比过早地下结论要可靠、实用得多。

与其他学科相同，现代心理学也经过了漫长的发展过程。早期的心理学研究探索了人类的意识：思维、情感、记忆等。而第一次世界大战之后，受唯物主义和科学进步思想的影响，行为主义心理学流派产生。该流派认为对于意识的研究是不科学的，缺乏客观性，“学习”才是一切的关键。尽管如精神分析学、格式塔心理学、遗传与心理发展等其他心理学分支也在继续发展，但行为主义心理学已然成为主流。

第二次世界大战后，人们清楚地意识到了心理过程（如注意）研究的价值。同时，计算机的出现也使得人们对信息处理产生了日益浓厚的兴趣。在此背景下，心理学迎来了一次重大的认知变革，人们转而研究与“心理”相关的话题，如感知、记忆和语言，甚至是对思维的客观研究。同时，心理学的另一范式转变也在第二次世界大战的影响下产生——美国社会心理学家对服从和顺从行为进行了研究，欧洲社会心理学家则调查了社会和群体压力对个人的影响。

在心理学的其他领域，社会因素也逐渐在研究中站稳脚跟。直至20世纪末，社会心理学已成为与认知心理学并驾齐驱的现代心理学研究核心。同时，随着对定性研究接受程度的提高，其他针对人类经验的研究领域也得以诞生。正如著名小说家特里·普拉切特（Terry Pratchett）所言——人类所居住的世界远不仅限于我们周遭的物理环境。心理学让我们明白：正是我们用以理解生活的种种叙述、解释和社会表现使得每个人成为独一无二的自己。

本书逻辑明晰，条理清楚，架构宏大，关联严谨，以深入浅出的笔触总结归纳了160个心

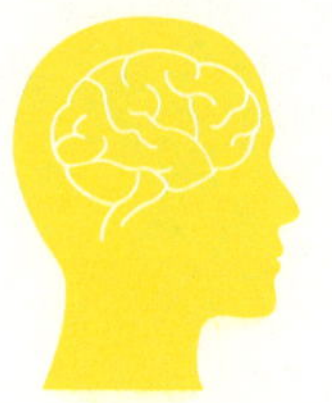
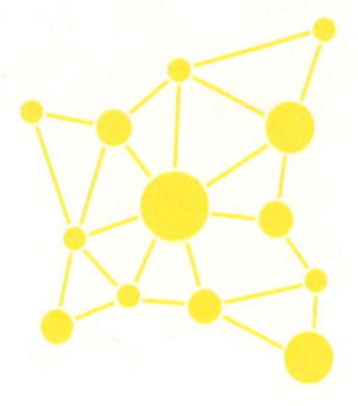

理学相关的主题，内容包含神经心理学、认知心理学、学习、精神分析、社会心理学、毕生发展心理学、临床心理学和应用心理学等方面，旨在帮助希望快速入门心理学或对其进行简要“回顾”的读者。通过阅读，我们可以发现，心理学研究的主题涵盖了从社会化互动到潜意识、从大脑处理信息的方式到消费者行为决策、从基础身体技能的学习到正念认知等人类经验的方方面面。

因此，对这门科学而言，没有普遍适用的公式，也没有非黑即白的定论。人类是复杂的，人类经验也是相对的，但现代心理学的多元性使我们对人类的丰富性有了更加深刻的认知。

目　录

001　学科基础

021　神经心理学

089 社会心理学

109 发展心理学

131 个体差异

145 临床心理学

159 应用心理学

学科基础

哲学根源

现代心理学源于对精神本质的哲学探索。

古希腊

公元前6世纪，古希腊的先贤们向外推开“探索世界”的这扇门。除了对物质世界的探索，他们也意识到了非物质世界的存在，例如人的想法、思维、感觉和情感。他们认为，人类的存在有非物质的部分，那就是心智，它能让我们思考和感受。

心智

希腊人认为人类心智由三部分组成：情（情感）、意（意志）、知（认知）。以两马并驾的战车打比方：我们可以将两匹马分别看作情感和意志，它们为战车的前进提供动力，认知就是战车，人在战车上发号施令，驾驭着马儿以免它们迷失方向。

元素

早期的哲学家认为，宇宙由气、火、土、水四大物理元素组成。每种元素都与我们的某些生理特征相关，分别对应四种不同的“体液”和气质，即多血质（开朗乐观）、胆汁质（急躁易怒）、抑郁质（消极沮丧）和黏液质（沉默稳重）。这些“体液”流淌在我们的身体里，影响着我们的思维、情绪和行为。

知识与意识

心理学可以追溯至以下两个哲学分支：

认识论：对我们获取知识、了解事物的方式的哲学探究——我们所有的知识都是后天习得的吗？我们的某些想法是否是与生俱来的？我们从推理中学到了多少？从经验中学到了多少？

精神哲学：对如记忆、意识、身份和知觉等心理功能、心理状态和心理事件的研究。

知识问题

从古希腊时期至20世纪，“知识是什么”这个问题一直困扰着人类。

时间轴

公元前6世纪 古希腊哲学家色诺芬尼（Xenophanes）是首批对“知识”进行思考的哲学家之一：我们如何获取知识？我们如何确认这些知识的正确性？

公元前5世纪 苏格拉底（Socrates，公元前470—前399）有句名言：“我唯一知道的就是我什么都不知道。”他从“无知”的立场，对所有知识进行了质疑。柏拉图（Plato，公元前423—前347）认为我们对物质世界的了解是虚幻的。我们对理想事物的认知是与生俱来的，这是我们知识的基础。相反，亚里士多德（Aristotle，公元前384—前322）认为，所有知识都是通过解读感官信息而获得的。

公元17世纪 理性主义思维得以发展。勒内·笛卡尔（René Descartes，1596—1650）、巴鲁赫·斯宾诺莎（Baruch de Spinoza，1632—1677）和戈特弗里德·莱布尼兹（Gottfried Wilhelm Leibniz，1646—1716）这三位有影响力的哲学家都认为知识主要是通过推理获得的，但也有部分知识是与生俱来的（先天论）。约翰·洛克（John Locke，1632—1704）则否认了这种与生俱来的知识，认为人在刚出生时，头脑是一块“tabula rasa”（白板），而知识主要来自经验。他的观点被称为经验主义。

公元18世纪 大卫·休谟（David Hume，1711—1776）认为人类的知识完全基于经验，单凭推理无法获得我们周围世界的信息。

公元19世纪 查尔斯·达尔文（Charles Darwin，1809—1882）质疑了洛克的观点，他认为遗传因素也会影响我们的行为。

20世纪初期 早期的心理学家如威廉·詹姆斯（William James）认为某些知识是与生俱来的，但如爱德华·桑代克（Edward Thorndike）、约翰·华生（John Watson）和斯金纳（B. F. Skinner）等行为主义心理学家则认为所有知识都来自学习，是单纯的输入–产出（刺激–反应）过程的产物。然而，包括马克斯·韦特海默（Max Wertheimer）、沃尔夫冈·科勒（Wolfgang Kohler）和库尔特·考夫卡（Kurt Koffka）在内的格式塔心理学家也有不同的观点，他们认为人类与生俱来的感知能力有助于我们理解感官所提供的信息。

20世纪中期 对行为主义心理学的反思促使人们开始关注如思考、问题解决、记忆和创造力在内的认知过程。

20世纪后期 心理学已不再是古希腊传统哲学下的重要课题，而是将其重心逐步转移至对社会学习和社会认知的研究。

勒内·笛卡尔

勒内·笛卡尔是启蒙时代的关键人物，为现代认识论和精神哲学的探讨提供了思路。

笛卡尔的恶魔

人类如何认识外部世界是个困扰笛卡尔的大问题。为此，他在自己的思想实验中假设了一个可以欺骗人类感官的恶魔，因此，我们所看到、听到，甚至触碰到的一切都可能是假的。那么，有什么可以确定是真实存在的呢？笛卡尔认为“我”是一定存在的，否则是谁在思考呢？ 否则恶魔是在欺骗谁呢？这正如他的名言所说：“我思故我在（Cogito, ergo sum）。”

理性主义

根据笛卡尔的观点，人类的感官因极易受到欺骗，是不可靠的知识来源。理性主义认为推理等心理活动才是人类获取知识的主要途径。

心身二元论

在确认“我”的存在后，笛卡尔继续对其本质进行研究。人的身体拥有可以被欺骗的感官，这与“我”完全不同。笛卡尔认为身、心是不同的实体，身体的本质是一台需维持自身正常运转的机器，而心灵则具有与生俱来的理性思考能力。直到21世纪，心身二元论仍对医学思维有着重大影响。

飞人实验

其实，哲学家阿维森纳（Avicenna，约980—1037）的思想实验早已预判了笛卡尔的“我思故我在”理论。该实验描述了一个悬浮在空气中的人，外界对他的感官不产生任何刺激。但这个被剥夺了感官经验的人仍然能进行思考，并具有自我意识。该实验表明除身体外，仍有灵魂或思想的存在。

英国经验主义

英国经验主义是一种认识论学说，于17世纪得到发展。

知识来自经验

区别于笛卡尔等人在欧洲大陆提出的理性主义，英国哲学家们则认为经验是获取知识的首要来源。

托马斯·霍布斯（Thomas Hobbes，1588—1679）

作为一名唯物主义者，霍布斯认为宇宙中的一切在自然界中都是完全客观存在的，以此驳斥了笛卡尔关于思想是独立的“非物质实体”概念。他提出人类是宇宙的一部分，因此也是纯粹的物质存在，可以将人类视作精密复杂的机器，甚至我们大脑的运转也取决于物理法则。

约翰·洛克

同样，约翰·洛克也对笛卡尔的理性主义投了反对票。他认为我们并不具备与生俱来的知识，而是通过感官来感知、感受、思考，这是我们全部知识的来源。在出生时，人的大脑如同一块白板，我们的知识是通过感官经验和对这种经验的反思、联想获得。因此，知识受限于我们的后天经验。

大卫·休谟（David Hume，1711—1776）

大卫·休谟关注的是情绪在人性中的作用。休谟认为驱动人类行为的并非理性，而是情感与本能，同样，知识的获取也来自经验习得而非理性思考。他反对理性主义，并怒斥“理性是激情的奴隶”。

科学的研究方法

从17世纪起，能否对经验证据及假设进行系统的检验成为区分是否科学的标准。

时间轴

约公元前5000—前2000年 古巴比伦和古埃及文明通过观察和经验归纳获取天文学和数学知识。

公元前384—前322年 亚里士多德主张将归纳推理作为从观察中推论一般原理的方法。

公元9—11世纪 阿尔哈曾（Alhazen）等学者开创了通过实验与测量为科学理论提供支持的实证法。

公元1620年 弗朗西斯·培根（Francis Bacon）在其著作《新工具论》（*Novum Organum*）中提出科学研究实验的系统过程。

公元1637年 笛卡尔在其科学研究方法论中提出对已知事实进行推断的唯理论过程。

公元1638年 伽利略·伽利雷（Galileo Galilei）在其著作《关于两门新科学的对话》（*Two New Sciences*）中阐述了实验和针对结果的数学分析方法。

公元1687年 艾萨克·牛顿（Isaac Newton）在他的《自然哲学的数学原理》（*Mathematical Principles of Nature Philosophy*）一书中将归纳推理作为科学的研究方法。

什么是科学的研究方法?

科学的研究方法并不是唯一的，但可以将其归纳总结：即科学地验证假设，严谨地收集证据。通常，科学的研究方法包含以下几个步骤：

观察，针对所观察现象提出问题。

↓

提出假设。

↓

设计可以对假设进行验证的实验。

↓

在控制条件下进行实验，收集实验数据。

↓

分析数据，得出结论。

↓

公布实验数据，进行同行评审。

心理学的发展

心理学作为一门独立学科诞生于19世纪后期，是一门汇集多个不同研究领域的科学。

自然哲学

自然哲学是哲学的一个分支，它将笛卡尔、洛克等人的早期哲学思想进行结合，研究人类的思维方式和意识的构成，为美国心理学家威廉·詹姆斯的心理学理论提供了方向。

实验心理学

科学家对人类思维的浓厚兴趣促使他们以实验的方法探索其运作模式。1875年，美国心理学家威廉·冯特（Wilhelm Wundt）在德国莱比锡建立了世界首座心理实验室，研究注意力、感觉、联想对意识的影响。

医学

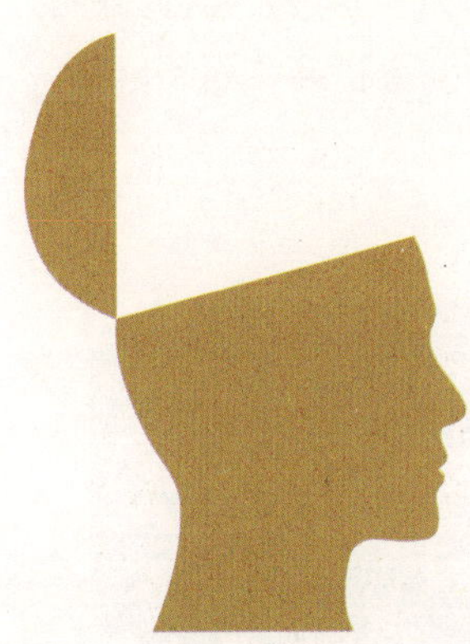

自16世纪以来，医学专家一直通过临床案例对人脑进行研究。19世纪中叶，菲尼斯·盖奇（Phineas Gage）的案例激发了人们对大脑工作方式的好奇。伊万·巴甫洛夫（Ivan Pavlov）的条件反射研究证明了生理反应是可以后天习得的。西格蒙德·弗洛伊德（Sigmund Freud）对潜意识的研究引起了学术界的广泛关注。

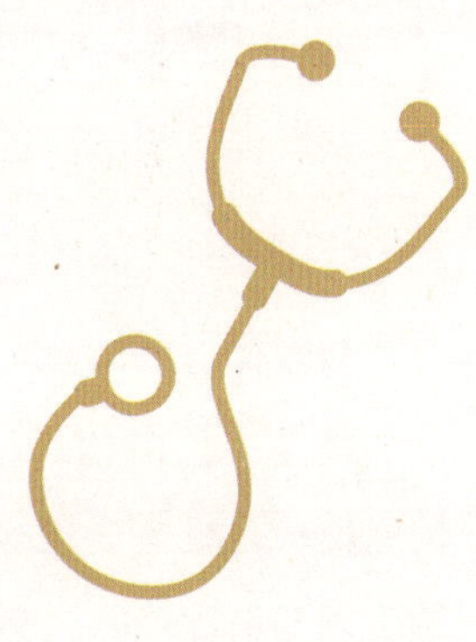

威廉·詹姆斯

19世纪末，心理学蓬勃发展。威廉·詹姆斯正是这一时期的心理学先驱。

学术成就

取得医学学位后的詹姆斯在哈佛大学开启了自己心理学家和解剖学家的职业生涯。毕业后，他前往德国留学，并对心理学和哲学产生了极大的兴趣。再回到美国后，他在哈佛大学开设了心理学这门课程，以科学严谨的角度诠释他的思想研究，被称为“美国心理学之父”。

《心理学原理》

在他的革命性著作《心理学原理》（*The Principles of Psychology*）中，詹姆斯将心理学诠释为“人类内心世界的科学”。在书中，他分析了本能、情感、习惯和生理机能对行为的影响，同时涵盖了如自由意志等之前被视为哲学领域的主题。

意识流

詹姆斯探讨了客观因素、环境和本能对人类行为的影响，并将意识的主观体验描述为不断变化的感知和思考过程，也就是著名的“意识流”。

情绪体验

对现代心理学学生而言，詹姆斯最著名的理论莫过于詹姆斯－兰格（James-Lange）情绪理论。该理论认为情绪体验是机体变化的产物，大脑感受到情绪刺激引起的生理变化后，进一步导致了情绪体验的产生。

我们不是因为悲伤而哭泣，而是因为哭泣渐渐感到悲伤。

威廉·冯特

威廉·冯特是世界上第一个心理学研究实验室的创始人，也是建设实验心理学的先驱。

心理学研究方法

冯特最初是一名医学博士，取得从业资质后，在海德堡大学与著名生理学家和物理学家赫尔曼·冯·赫尔姆霍茨（Hermann von Helmholtz）共事。二人在感官知觉生理学领域的突破性研究激发了冯特对心理学的兴趣，也为他的感官刺激反应测量提供了宝贵经验。

内省

在感知和记忆心理学方面的工作外，冯特还开创了一种新的心理过程研究方法：他对自己的学生们进行了内省训练，以便他们可以更客观地回答自己精心挑选的心理实验方面的问题。

实验心理学

1874年，冯特发表了他的著作《生理心理学原理》（*Principles of Physiological Psychology*），这本书也许是对实验心理学的最早描述。随后，他被莱比锡大学聘为科学哲学教授，此时心理学尚未被纳入大学课程。在莱比锡，他建立了世界上首个心理学研究实验室，最终使该大学将心理学视为一门学术学科。

社会心理学

冯特还对社会心理学进行了一系列调查，于1910年至1920年间出版了多达十册的《民族心理学》（*Völkerpsychologie*）。该作品对社会心理学和社会学都产生了极大的影响。

伊万·巴甫洛夫

伊万·巴甫洛夫的条件反射医学研究对心理学的发展有着重大影响。

实验背景

伊万·巴甫洛夫（1849—1936）是一名研究消化系统的生理学家，就职于俄罗斯圣彼得堡实验医学研究所。在一次研究进食过程中唾液增加程度的实验里，他注意到狗在第一次看到端着食物的服务员时就已经开始分泌唾液了。这一发现拉开了他的开创性条件反射实验的帷幕。

巴甫洛夫实验

在给狗喂食前，巴甫洛夫会摇铃或按响蜂鸣器。在多次实验后，他发现学习过程（或条件反射）是通过将新的刺激（如铃声）与原刺激（食物）关联而发生的。最终，这一新的刺激将引发与原刺激相同的反应。

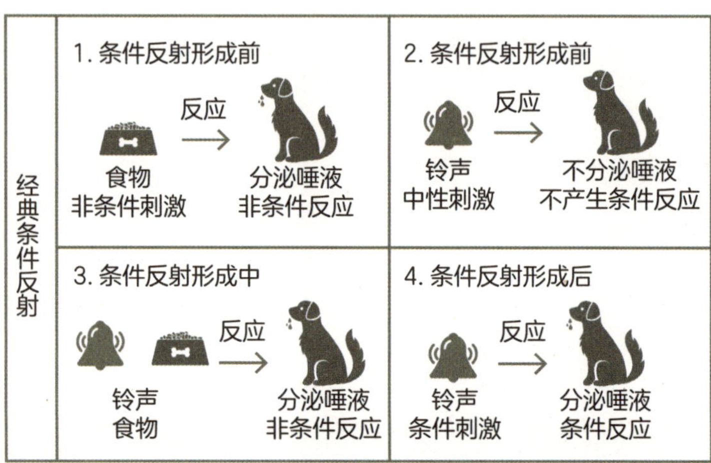

实验意义

此前，生理反应被认为是天生而无法控制的，但巴甫洛夫实验证明这种反应也可以通过条件进行控制，即学习在生理层面上是可能的。同时，这一实验也揭示了刺激-反应这一学习模式可能是人类和动物心理学研究的关键“元素”。

行为主义心理学

行为主义心理学是早期心理学研究中浓墨重彩的一笔，反映了20世纪初主导西方世界的现代主义思想。

行为主义心理学之父：约翰·华生

约翰·华生（1878—1958）以巴甫洛夫的条件反射理论为基础，对动物的联合型学习进行研究。1915年，他成为美国心理学会会长，在他的就任讲话中，他提出心理学要更加重视自身的科学化。想要达成这一点，则必须对人类的行为而非意识进行探索，因为只有行为才能被客观、科学地研究。

心理学中的“原子”

当时，其他学科的研究也因“基本单位”的发现而飞速发展——物理学中的原子、生物学中的细胞、遗传学中的基因。对华生来说，刺激－反应学习就是心理学中的“原子”，也是人类经验的基础。因此，“学习”成为各心理学领域的核心，人们通过对行为的观察研究这一过程。

斯金纳

斯金纳（1904—1990）的研究证明了正面或负面的结果可以强化刺激－反应的联结。正向强化可以通过奖励的手段实现，负向强化则通过避免消极结果达成，对强化动作进行细微调整，就可以建立复杂的学习过程，斯金纳认为这就是人类行为和社会形成的模式。

格式塔心理学

格式塔心理学是欧洲的格式塔学派学者对僵化的行为主义心理学的反击。

格式塔学派

风靡美国的行为主义心理学在欧洲并不叫座，格式塔学派学者对这一流行于20世纪上半叶的僵化经验主义提出了明确的反对意见。

格式塔心理学家关注人类意识，尤其是认知方面的问题，如解决问题的能力和感知能力；他们认为人类天生就更专注于完整的体验，而非一系列复杂的刺激－反应过程。我们的感知能力与生俱来，用以理解通过感官所获得的庞杂信息，这一过程中，我们所感知的是具有意义的完整经验单元而非无关联的印象片段。

格式塔疗法

根据格式塔原理，弗里茨·佩尔斯（Fritz Perls）开创了一种心理疗法。该疗法强调体验的整体性，并引导患者专注于此刻。后来，这一疗法被称为“正念”。

蕴涵律（知觉变形法则之一）

蕴涵律是我们组合、管理感官印象的固有原则。包括：

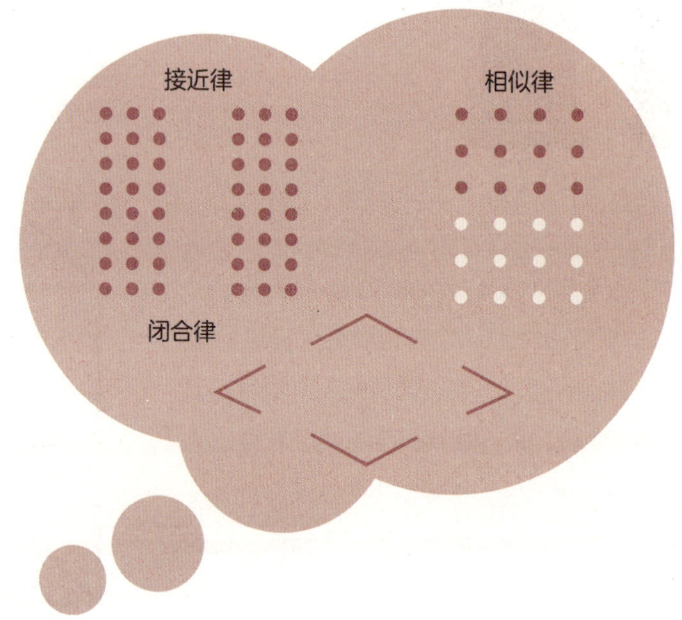

人本主义心理学

一些美国学者也对僵化的行为主义心理学展开了反击。

人本主义学派的兴起

并非所有美国心理学家都能接受行为主义的观念。人本主义学派诞生于20世纪中叶，强调对处于环境中的完整个人的关注。

勒温的场论

库尔特·勒温（Kurt Lewin，1890—1947）并不认同行为主义心理学家的刺激－反应理论，他认为研究人类行为，尤其是社会行为，必须同时考虑其所处的社会“场”，即环境背景。同时，考虑到被试往往会对实验要求做出反应，勒温提出了“行动研究”的概念，认为研究人员应该直面这一点，并将其作为研究关键。

自我实现需要
尊重需要
情感和归属需要
安全需要
生理需要

马斯洛需要层次理论

亚伯拉罕·马斯洛（Abraham Maslow，1908—1970）认为，正如行为主义者所暗示，人类的动机远比简单地避免饥饿与痛苦更加复杂。他提出了人类需要层次结构：当更低、更基本的需要得到满足，较高的需要就变得尤为重要。自我实现位于顶端，在此状态下，所有认知、个人和社会的需要都会得到满足，个体则得以充分发挥其潜力。

罗杰斯的基础需求理论

卡尔·罗杰斯（Carl Rogers）是一名临床心理学家，他认为人有两个基础需求：获得他人无条件的正向关怀（爱、尊重等）和发展其自身潜力（自我实现）。这两种需求都很重要，而任一未得到满足则会导致神经官能症或其他精神类问题。这一理论开创了多种治疗方法，如群体治疗。

心理学研究方法

人类是复杂的。为了更好地探索人类经验和行为的不同方面，心理学有着专属于自己的研究方法。

内省

内省，即对自己的想法和感受进行自我分析，是早期心理学家主要采用的研究方法之一。尽管这一方法恪守严谨的态度，但相对于20世纪的心理学来说，内省法远不够“科学”。

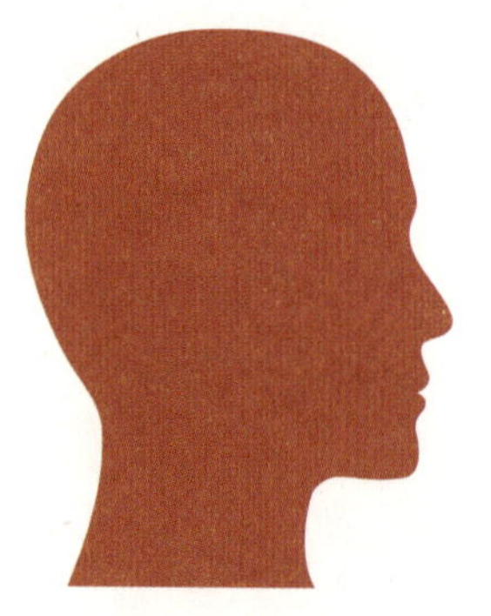

实验室研究

实验室研究法包括控制实验和控制观察，对人们在实验室中的行为进行严格的监测和评估。随着科学心理学的发展，这一方法得到了广泛应用，特别是用于研究学习过程。

真实世界研究

真实世界研究是指对人类在现实世界中的行为进行研究。这一方法在20世纪下半叶逐渐流行，尤其受到组织心理学家的钟爱。正如行为主义心理学的创始人约翰·华生最终也做了广告人，“应用”一直是心理学的重要组成部分。

定性与定量数据

在某些心理学领域（特别是生物心理学和神经心理学）中，定性数据（如患者对脑损伤感受的描述）得到了广泛应用。然而，随着心理学家对“科学客观性”的追求，定量数据（具体数值）逐步成为20世纪的研究主导。不过，并不是所有的人类体验都适合用数字进行衡量。因此，对于21世纪的心理学而言，定性和定量数据分析均为重要的研究手段。

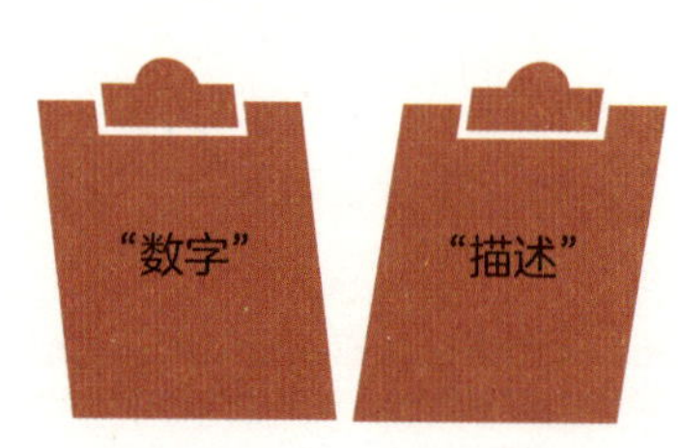

实验法

实验法指在控制环境的条件下，通过操纵某一变量以考察它对其他变量影响的研究方法。

实验室实验

实验室实验必须对环境进行严格把控，以确保仅有所研究的变量产生了影响。早期心理学研究通常使用动物进行实验，因为以人类为对象的实验往往更加困难：

· 被试会通过经验进行学习，产生实践效应；

· 被试会对实验内容进行猜测，并根据猜测结果做出反应；

· 被试会从主试身上找寻蛛丝马迹，判断自己“应当”如何反应；

· 个性鲜明的被试可能会给出与大多数人不同的结果。

实验控制

实验控制的手段包括：

· 抵消平衡法，即控制序列顺序，克服顺序效应；

· 单盲控制，即被试无法获知实验相关信息；

· 双盲控制，即主试与被试均无法获知实验相关信息。

实验伦理

所有心理学研究必须符合实验道德标准，防止研究人员在未经允许的情况下对参与者进行虐待或欺骗。

自然实验

自然实验往往无法做到对变量的严格控制，但其所获得的数据通常更贴近现实，更符合人们在日常生活中的真实行为方式。

观察法

实验法并不适用于所有研究。很多心理学研究都涉及观察，有时单单应用观察法的效果可能会更好。

观察研究

观察现场多种多样，有在高度控制的实验室中展开的观察研究，也有在自然环境中进行的“实地”观察。实验室观察通常采用单向玻璃，让观察者可在不被观察对象察觉的情况下进行观察。

观察研究的主要问题在于在场的观察者对观察对象行为的影响。该问题可通过几种方法来解决：一是应用现代科技，如安装隐形摄像头；二是让观察对象熟悉观察者，使其忽略观察者的存在；三是让观察者积极参与其中（参与观察法）。

行为学观察法

行为学关注自然环境中的行为本身，研究对象多为儿童或消费者。当然，也有心理学家将其用于研究动物行为。

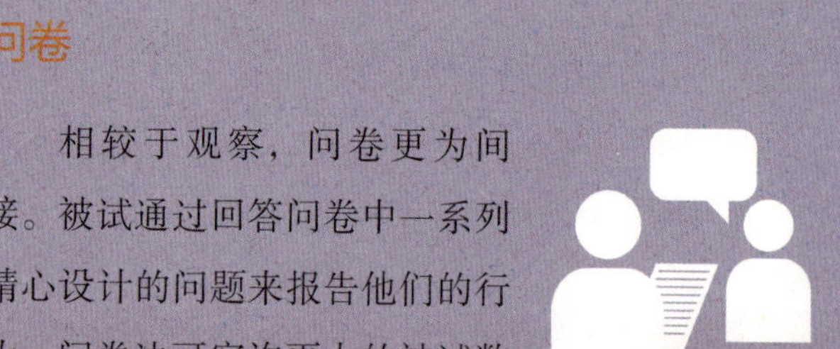

问卷

相较于观察，问卷更为间接。被试通过回答问卷中一系列精心设计的问题来报告他们的行为。问卷法可容许更大的被试数目，且能提供有关被试行为、态度等方面的数据统计依据。

问卷谬误

问卷法的一大问题在于它并不能如实反映被试的行为与思想，只能体现被试认为自己对调查问卷应该做出的反应，而这往往与其真实的行为大相径庭。

个案研究与叙述分析

一些有价值的心理学研究关注于个案或被试的个人经历叙述。

个案研究

个案研究指研究者对单个案例进行深入研究，研究对象可以是个人、小组、或单个组织。通常，个案研究涉及多种不同的研究方法，如将访谈与观察的结果相结合，或使用问卷及心理测试等。研究结果往往更加深入，有助于对独特的个体经验进行探索。

访谈

结构化访谈即以问卷的形式直接向受访人提问。然而，研究人员往往会选择半结构化访谈——说明访谈主题，要求受访人做出回应。通常，访谈的内容会被记录，用以进行后续分析。

叙述分析

对已发生的事情进行叙述有助于人们更好地理解这些经历，有时人们也可以从旁观者的角度得出不同见解。叙述分析包括对谈话或语篇的分析，对比个人叙述与行为。

事件分析

罗姆·哈瑞（Rom Harre，1927—2019）认为人类生活是由有意义的事件构成的，而非无意义的行为。事件分析法指使用戏剧性的暗喻，将现实生活看作剧中场景，分析事件的场景、剧本、服装、参演人员等。这需要研究者对所发生的事件进行全方面、多维度分析，即在大环境中审视人类经验。

脑科学研究常用仪器

心理学研究的最新进展来自神经心理学。借助仪器可以帮助我们了解脑部活动的真实情况。

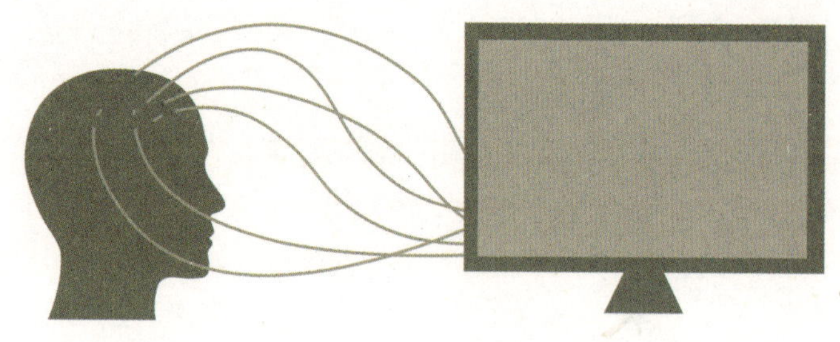

“可以将脑电图技术理解为站在工厂外，试图通过窗内传出的噪声猜测里面的情况。”

脑电图技术（EEG）

对于人脑活动的记录最早可追溯至20世纪20年代。通过置于头皮的电极，脑电图可以检测大脑中不同区域的脑电活动，有助于对癫痫等脑电活动异常疾病的诊断。

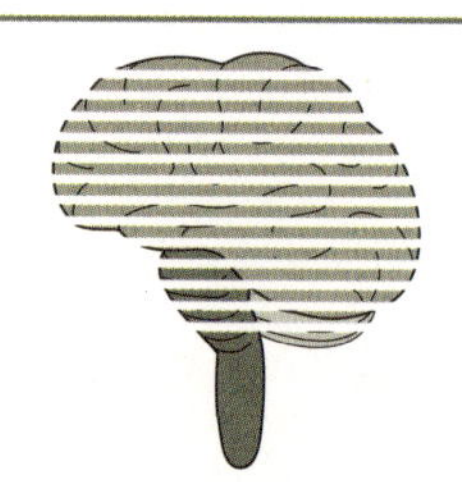

计算机轴向断层扫描（CAT）

计算机轴向断层扫描技术发展于20世纪70年代，在计算机辅助下将多个图像（如X射线）组合，对人体内部器官进行横截面成像，用以检测受损组织、血栓或供血区域的血流中断。

正电子发射断层扫描（PET）

正电子发射断层扫描技术通过对注入血液的放射性物质（示踪剂）进行检测，对物质集中的区域（如大脑的活跃区域）成像，如有需要，也可通过组合多个横截面视图，构建器官的三维图像。

功能性磁共振成像扫描（fMRI）

功能性磁共振成像扫描技术是利用强磁场和无线电波检测人体器官成像的技术，无放射性损害。这一技术于20世纪90年代问世，用于检测与大脑活动相关的血氧浓度变化。活跃的神经元会提升血流量，因此，功能性磁共振成像扫描技术可以检测出大脑的活跃区域。

神经科学

人类对大脑和神经系统的研究由来已久，其中，神经心理学作为神经科学的分支是现代心理学的公认组成部分。

时间轴

约公元前1700年 《艾德温·史密斯纸草文稿》（*Edwin Smith Papyrus*）问世，其中记录的医疗案例表明，古埃及人对大脑和神经系统的生理机能及功能均有所了解。

约公元前500年 古希腊医生阿尔克莽（Alcmaeon）对神经进行描述，并提出大脑与感觉器官间的联系。

公元前460—前379年 古希腊医师希波克拉底（Hippocrates）将大脑视为智慧与感觉的中心，并将癫痫病描述为一种脑部疾病。

约公元前170年 古罗马医学大师盖伦（Galenus）提出一切身体机能和“气”均由大脑控制。

公元1000年 医生宰赫拉威（Zahrawi）在其著作《医学方法论》（*The Method of Medicine*）中描述了神经系统疾病的外科手术程序。

公元1543年 比利时佛兰德解剖学家安德烈亚斯·维萨留斯（Andreas Vesalius）出版著作《人体

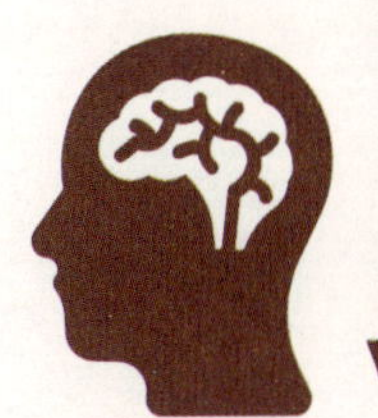

组织学》（*On the Fabric of the Human Body*），将神经系统描绘为传递感觉、发起运动的渠道。

公元1664年 英国医生托马斯·威利斯（Thomas Willis）在其著作《大脑解剖学》（*Anatomy of the Brain*）中提出“神经学”一词。

公元1791年 意大利医生路易吉·伽尔瓦尼（Luigi Galvani）提出肌肉激活是通过神经传递的电流实现的。

公元1837年 捷克解剖学家浦肯野（Purkinje）发现小脑皮质中的神经细胞。

公元1862年 法国解剖学家保尔·布罗卡（Paul Broca）发现运动性语言中枢。

公元1891年 德国解剖学家威廉·冯·瓦尔岱耶–哈茨（Wilhelm von Waldeyer-Hartz）提出神经系统的细胞单位“神经元”这一概念。

公元1906年 意大利卡米洛·高尔基（Camillo Golgi）和西班牙圣地亚哥·拉蒙–卡哈尔（Santiago Ramón y Cajal）的中枢神经系统结构研究荣获诺贝尔生理学或医学奖。

神经心理学

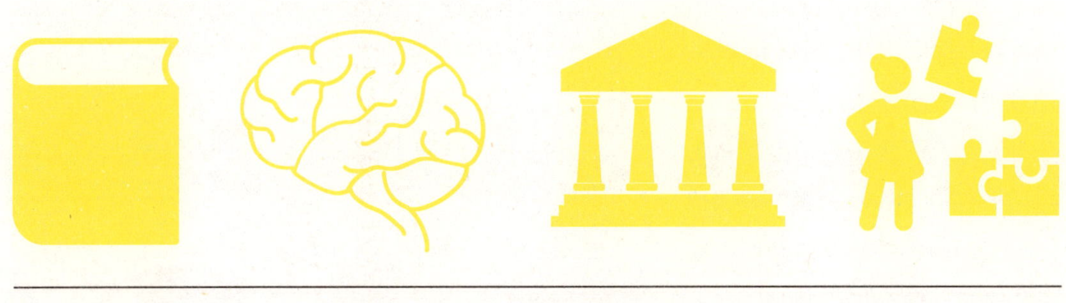

神经心理学的起源

早期大脑研究依赖于对事故或手术结果的分析。

菲尼斯·盖奇

神经心理学中最著名的病人莫过于菲尼斯·盖奇了。盖奇是一名铁路领班，在1848年的一次事故中被铁夯（一根大铁棍）砸穿了头部。尽管脑部受损，他却没有失去知觉，甚至自己开车回到了住所。在医生约翰·哈洛（John Harlow）的帮助下，盖奇病情好转，得以康复。但据报道称，他变得脾气暴躁、缺乏耐心，且任性、冲动。出院后，他在P. T. 巴纳姆（P. T. Barnum）的马戏团待了一段时间，展示自己和那根铁夯。随后，他又搬去智利，在一家马车行担任司机，最终于1860年去世。

语言区域

1861年，外科医生保罗·布洛卡在报告中指出，大脑特定区域的损伤会导致特定的语言缺陷，病人无法正常说话，但对语言的理解没有障碍。1876年，德国神经学家卡尔·威尔尼克（Carl Wernicke）识别出大脑的另一个区域，若该区域受损，则会导致语言理解障碍，但可以正常说话。

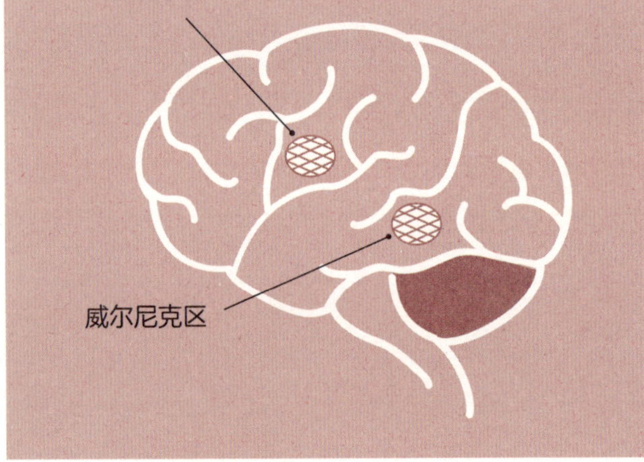

联络皮质

布洛卡区和威尔尼克区向我们展示了大脑特定区域与特定功能之间的关系。直到脑部扫描技术问世，人们普遍认为，大脑主要由联络皮质组成，它们在各输入与存储区间起联系作用。

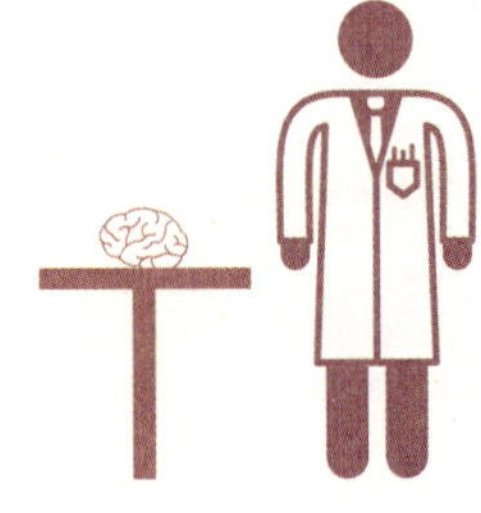

神经系统

神经系统即遍及全身的神经纤维网络，结合形成脑与脊髓。

中枢控制

脑和脊髓被称为中枢神经系统。除处理和组织信息（产生思维、意愿等）外，它们还从身体接收感觉信息，并将信息传递到肌肉，从而产生运动。

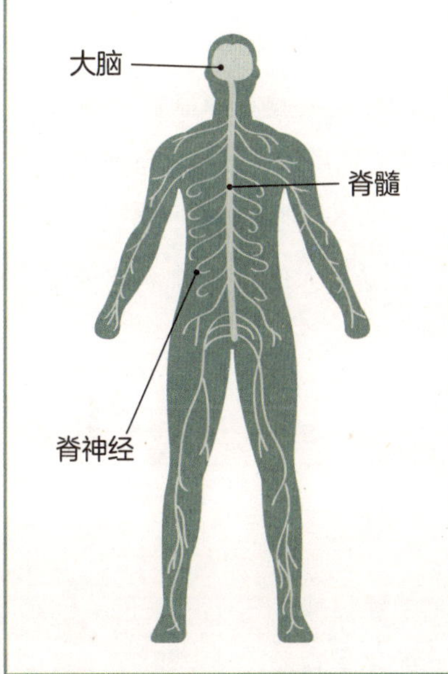

神经元之间的交流

遍布全身的神经网络构成了周围神经系统。传入神经将感觉信息传递至中枢神经系统，而传出神经将信息从中枢神经系统传递到肌肉。

反射弧

部分反射是由脊髓控制的，大脑不参与其中。例如，触摸高温物体后，皮肤中的热感受器将信息沿传入神经传递到脊髓，再由脊髓沿传出神经传递至肌肉，肌肉回缩，手立即收回。

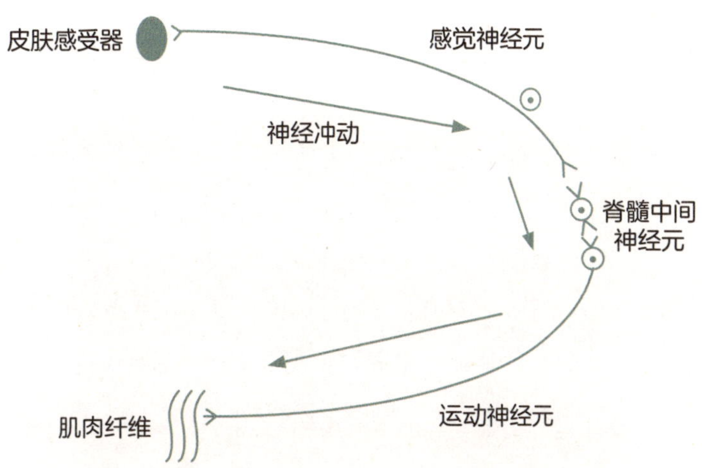

神经传导

神经传导是神经系统沿神经纤维传递神经冲动的过程。感觉器官将输入的光、声音、触感等信息转换为可以传递给中枢神经系统的电子信息。

神经过程

神经系统通过化学变化产生的电流传递信息。

电传递

神经细胞（神经元）通过细胞膜交换化学物质以传递神经冲动。大部分神经细胞都被包裹在绝缘的髓鞘细胞中以防止离子交换，而神经冲动则沿细胞间隙传递。这是一种高效的信息传递方式。

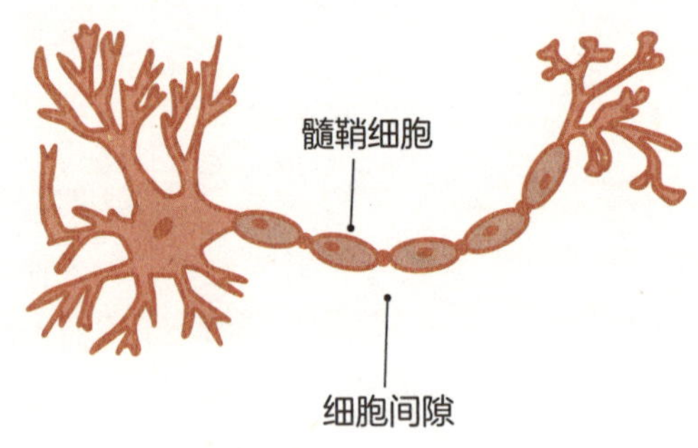

突触传递

神经细胞之间互不相连，而是通过被称为“突触”的间隙结构连接。神经冲动到达神经细胞末端时，神经递质会溢出到间隙中，然后被下一个神经元的受体部位吸收，从而使突触后神经元依突触类型（兴奋性突触或抑制性突触）出现兴奋或抑制动作。

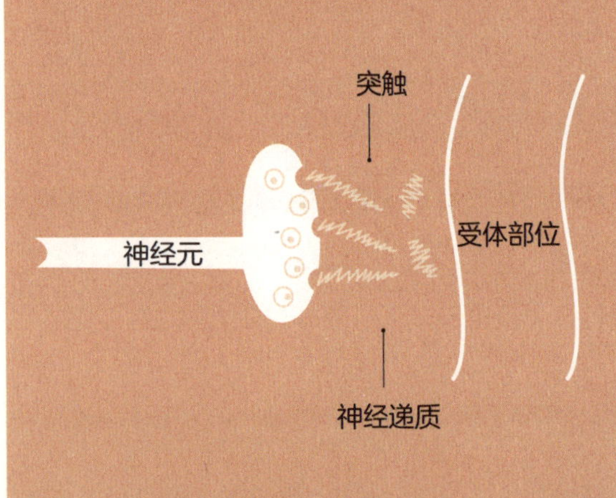

神经通路

兴奋性突触和抑制性突触的存在使大脑可以通过其大量的神经元建立神经通路。神经通路可以将特定信息与大脑的相关部位进行连接。

神经递质

神经递质是用于连接神经元的化学物质，种类繁多，其中最常见的包括：多巴胺、乙酰胆碱、血清素和内啡肽。很多药物就是通过模拟、阻止或增加神经递质在突触中的活动来发挥作用。

视觉

视觉是人类的主要感官，涉及大脑多个区域。

感知光线

光是由视网膜中的细胞检测到的，并被其转换为神经冲动。视杆细胞极其敏感，可以快速响应运动引起的变化。视锥细胞不那么敏感，但可以识别色彩，让我们看到绚丽多姿的世界。这些细胞中的化学变化产生神经冲动并传递到视神经。

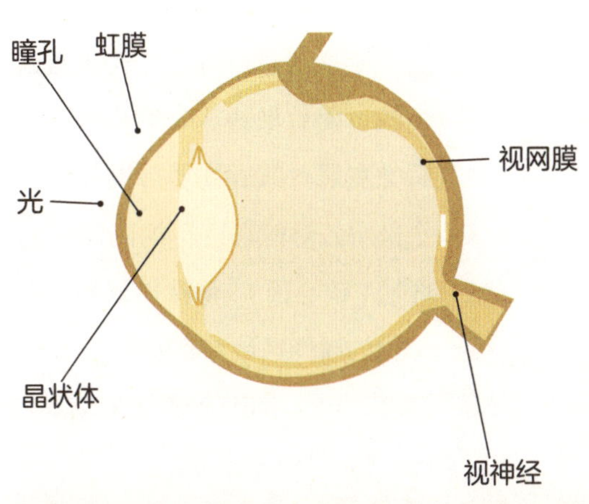

视觉信息的传递

视觉信息沿视神经先到达丘脑，然后到达大脑后部的视觉皮层。通过名为“视交叉”的神经交叉点，两只眼睛接收的信息可以到达大脑的同一部分，这对于距离观察非常重要。丘脑可以分辨基本图案和形状。

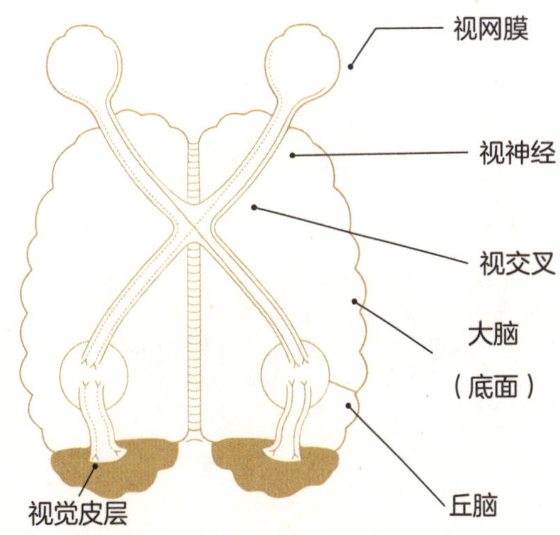

感知运动

感知运动对人类生存至关重要。我们的大脑能自动将独立、分割的视觉信息加工成连续的动态影像，我们喜爱的电影、电视节目和视频录像都是运用这一原理制作的。

听觉

听觉是人类第二重要的感官，是日常社交互动的重要组成部分。

听觉信息（即声音）的本质是空气的振动，它们由人耳收集、放大并转换为神经冲动。外耳（耳廓）负责收集声音，中耳将信号放大，内耳的耳蜗将其转换为神经冲动并传递到听觉神经。

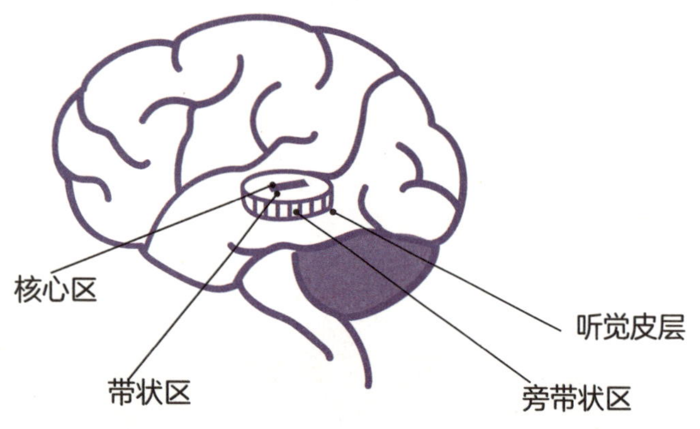

听觉信息由听觉神经传递到丘脑，随后抵达位于大脑侧面的听觉皮层。听觉皮层可以分为三个部分：对信息进行编码的中心区域（核心区）、确认声音种类和位置的周围区域（带状区），及将信息与记忆和其他感官联系起来的外部区域（旁带状区）。

听觉皮层对语言尤为敏感，因此，与其他声音相比，我们更容易识别人类的声音。此外，我们也会对音乐做出强烈反应，并且更容易学习自己文化的音乐传统。人类的左、右脑都会处理音乐信息，但方式不同。

听觉与运动紧密相关，因此，我们会自然地以运动的方式响应音乐节奏，这就形成了舞蹈。在任何一种人类文化中，舞蹈都是不可或缺的。

其他感官

除听觉和视觉外，我们还有很多其他重要的内、外部感官。

嗅觉

嗅觉是一种古老的感觉，我们的嗅觉神经与杏仁核（大脑中处理情绪的部分）和大脑皮层直接相连。这就是为什么气味有时会唤起我们的情感记忆。

味觉

甜、咸、酸、苦、鲜是最常见的五种味道，我们的味觉感受器还可以检测出更多不同的口味和质地。味觉神经与大脑的奖励机制以及大脑皮层的特定区域相连。

触觉

触觉实际上可以被分为三类：检测压力的机械刺激、检测温度的热感和检测疼痛的痛感。其中，痛感涉及多个大脑区域。有趣的是，因尴尬或被排斥所引起的社交疼痛与生理疼痛会刺激相同的大脑区域。

内部感觉

我们的内部感官会向大脑传达关于身体的信息，如：本体感觉（身体的位置感觉）、运动感觉和平衡感觉，每一种都由专门的神经纤维连接至大脑的相关区域。

幻觉和联觉

我们的幻觉存在于各种感官，有些人甚至还会体验到联觉，即多种感官叠加或混合在一起。

运动

运动是生活中不可或缺的部分，也是我们与世界互动的方式。

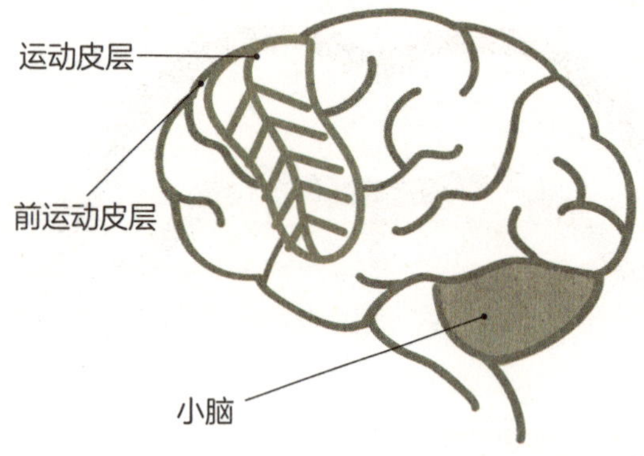

运动的产生

大脑顶部的运动皮层可激发自主运动。通过向小脑发送信息，运动皮层指引运动前区管理运动。小脑与肌肉相连，控制运动。运动皮层的不同区域对应控制身体的不同部位。

运动终板

自主运动过程中，大脑向肌肉发送信息。每组肌肉纤维上的特殊区域会对传出神经元产生的特定化学物质做出反应，使肌肉更容易收缩，从而产生运动。尼古丁会部分阻碍受体，使人们反应迟钝、变得懒惰。

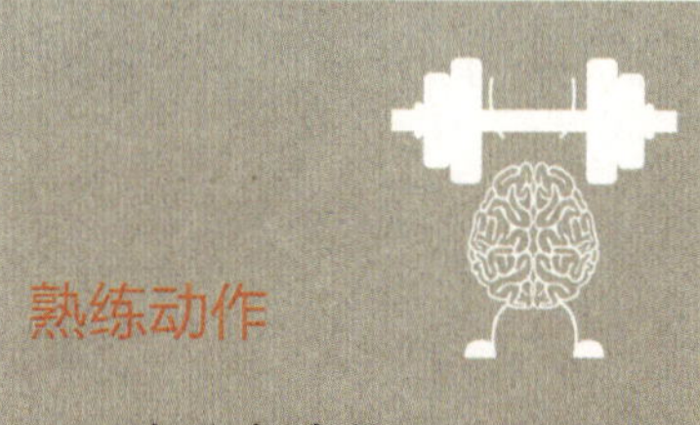

熟练动作

小脑负责协调运动并控制熟练动作。当我们学习某种技能时，不断的练习会使这一动作的控制中心从运动皮层转移至小脑，随着我们的动作愈发熟练，有意识的生涩动作会逐渐变成平稳、下意识的动作。音乐表演就是熟练行为的典例，音乐表演需要音乐家精准、有序地奏唱音乐，而这需要大量的日常练习，正所谓“台上一分钟，台下十年功”。

康复训练

当运动皮层由于中风或外伤等原因受损后，可以通过大量、不间断的任务导向性训练建立新的连接。

记忆

记忆是我们最重要的心理能力之一，让我们能够从自身及他人的经验中学习。

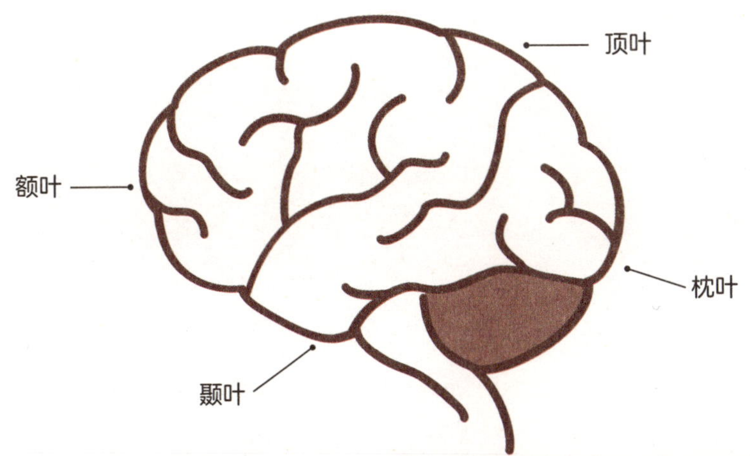

记忆的类型多种多样，涉及大脑的不同区域。没有人能确切地讲出记忆的存储位置，但有一点可以确定，那就是我们在思考时使用的工作记忆存在于大脑额叶。

情景记忆用于记忆特定的事件或经历，语义记忆则用于记忆完成某事的方式。处理这两种记忆的大脑区域位于大脑额叶和颞叶之间，帮助我们识别熟悉的事物或场所。

大脑中有个叫“海马体”的部分，与记忆存储息息相关。它能将信息置于语境中（特别是物理环境）记忆，这对长时记忆的存储至关重要。扫描研究表明，熟练掌握伦敦街区情况的“知识”后，出租车司机大脑的海马体显著增大。

我们的记忆往往包含心理意象，即想象感官体验。扫描研究表明，这种类型的心理意象与相似的真实感官体验所刺激的大脑部位完全相同。

情绪

情绪是人类体验的重要组成部分。

詹姆斯－兰格情绪理论

1890年，威廉·詹姆斯发现情绪会引发强烈的生理反应，他与丹麦医生卡尔·兰格（Carl Lange）共同提出，人的生理变化在前，而情绪是对这种变化的感知。

坎农－巴德（CANNON－BARD）情绪理论

坎农—巴德情绪理论与詹姆斯—兰格情绪理论相反，认为情绪体验和生理变化是两个独立的过程。刺激信息触发情绪，与此同时，激活相应的生理反应。

沙赫特与辛格的情绪理论

1962年，斯坦利·沙赫特（Stanley Schachter）和杰罗姆·辛格（Jerome Singer）就情绪中的生理及社会因素进行研究。他们给被试注射了肾上腺素或安慰剂，并将被试分为三组：正确告知组、错误告知组和无告知组。随后，二人在房间等待，与提前安排好的演员为被试营造出两种不同的情绪氛围：快乐和愤怒。

实验发现：

- 社会因素会对我们的情绪产生影响。当演员表现出快乐或愤怒时，被试也受到相应情绪的感染；
- 生理状态决定情绪的强度。

错误告知组表现出了非常强烈的快乐或愤怒，而正确告知组和注射了安慰剂的被试则情绪较为温和。

大脑中的情绪

脑部扫描技术让我们意识到情绪不单受身体状态影响，还会受到大脑某些特定部位的影响。

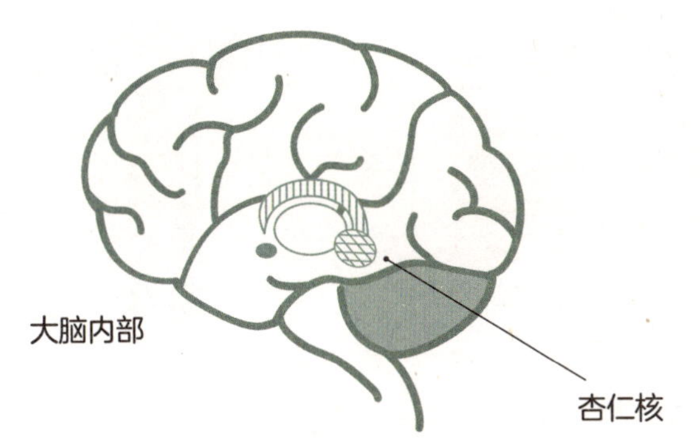

大脑中的很多区域都与情绪有关，包括一些较原始的脑部结构。大脑表层上不见它们的踪影，但它们深藏在大脑内部。这些部位中，最重要的当数杏仁核。几乎所有情绪都离不开杏仁核发挥作用，比如幸福、恐惧和愤怒。

我们的满足感和幸福感也受大脑影响。大脑的奖赏通路众多，分别连接不同的大脑结构。位于眼球后方的大脑前部是人类大脑奖赏通路中尤为重要的部位，因为意识和认知力对自身感受至关重要。

同样，憎恶也会在大脑的某些部位引起强烈反应。而且，即使我们只是看到其他人表现出了憎恶情绪，相应的大脑结构也会变得活跃。这就是“镜面反应”，是我们在看到他人情绪或动作时会做出的一种常见神经反应。

快乐这类积极情绪会刺激整个大脑区域，但在右半脑会更加活跃。社会情绪也会激活大脑区域，如额叶和杏仁核。

唤醒

某些情绪，尤其是恐惧和愤怒，会使身体陷入“超驱动”状态。

自主神经系统（ANS）

自主神经系统是人体内的一组神经纤维网络，与我们的肌肉、内脏相连，也连接着负责向血液释放激素的内分泌腺体。

瞳孔扩张
唾液增多
心跳加速
肺部扩张
胃部收缩
膀胱扩张
肾上腺释放肾上腺素

自主神经系统的划分

自主神经系统有两大组成部分：副交感神经系统，负责维持体内平静的状态；交感神经系统，负责唤醒身体自主行动。交感神经系统通过激活身体以产生额外的能量来完成唤醒。我们在极度愤怒或恐惧时会感受到这种强烈的唤醒：心跳加速，呼吸更急促，反应也更迅速。

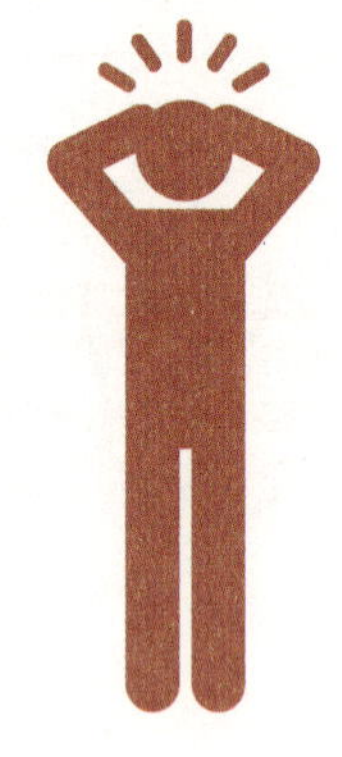

唤醒

当我们遇到令人不安的事情或产生令人担忧的想法时，便进入了一种温和的唤醒状态。这种唤醒反应是可测量的，它也是测谎仪的设计基础。但一旦这种唤醒状态持续时间过长，就会转变为压力，会对身心健康造成损害。

清醒

意识通常被认为是人类的独有特征。但由于我们无法与动物进行交谈，也就无法对此进行确认。

清醒的意识存在于多种形态，如高度警惕或警觉、放松而慵懒，或是全神贯注。不同类型的意识在大脑活动中的反映也各不相同，可以通过脑电图来测量。

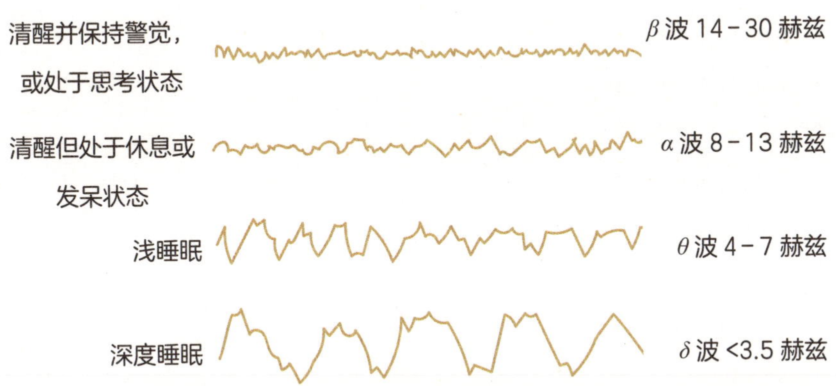

一天中的某些时段内，我们会比其他时候更加清醒。这与昼夜节律有关——24小时制的周期会影响我们身体的能量和机敏程度。因此，我们在白天更为清醒。到了下午，这种清醒程度会略有下降，而凌晨则是我们最不清醒的时刻，此时有些司机甚至会在驾驶时打起盹来，多数交通事故也发生于此时段。

长途旅行对我们的生物钟进行干扰，进而产生时差。这种时差会持续几天，直到身体适应了新的时区。如果工作需要，可以尽量将轮班时间安排为顺时针，不采用逆时针轮班，以便身体能够更好地适应。

睡眠

我们的一生中有相当多的时间是在睡眠中度过的。

典型睡眠模式

睡眠可以被分为从轻度睡眠到深度睡眠的四个阶段。一般情况下，我们的睡眠会依这四个阶段循环二至三次。夜越深，睡眠越浅。

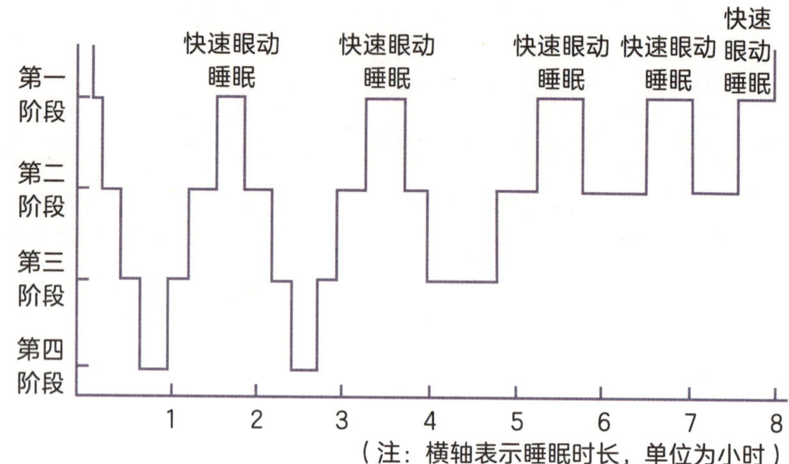

其他睡眠模式

实际上，很多被失眠困扰的人睡得比他们想像的要多，只是他们梦见自己是清醒的。另一种常见的睡眠模式是深睡两个至三个小时，然后清醒并活跃了约两个小时，随后再重新入睡。

梦境

通过脑电图我们可以发现，在主要睡眠周期，存在多个轻度睡眠的状态，但我们却几乎不曾醒来。在这些时候，我们的眼睛会快速移动，因此也被称为快速眼动睡眠（REM）期，做梦这一现象通常发生在快速眼动睡眠阶段。

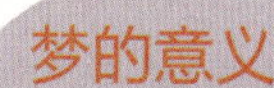

梦的意义

梦可以帮助我们整理、归纳清醒时所接收的大量刺激，有助于记忆和决策。这就是为什么“睡一觉再说”可以帮助我们更好地做出决策。

学习

学习是什么

学习并不是一种单一技能，它具有不同的表现形式。

行为主义心理学家认为学习是研究人类心理的关键，但他们对"学习"的认知相对局限。他们将学习视为单纯的刺激和反应过程，并且认为此过程对包括人类在内的所有动物都是相同的。然而，他们的观点并不能真正地解释认知或社会性学习。

直到20世纪下半叶，心理学家才对人类学习有了更复杂的理解，其中就包括认知和社会学习过程。人类学习既包括刺激–反应学习等基本过程，又包括抽象认知和复杂的社会学习过程。

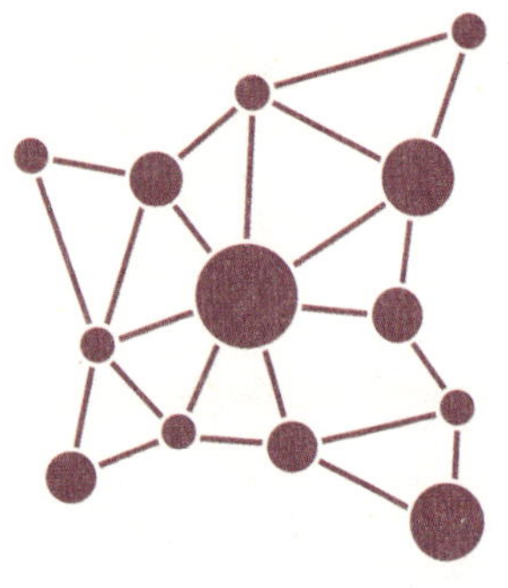

1949年，唐纳德·赫布（D. O. Hebb）提出，学习是在相同的脑细胞频繁连接时发生的。不断加强后，连接的体积会增大，细胞间的关系也会更加稳固，从而形成细胞集群，更便于神经冲动的传递。脑部扫描技术问世后，赫布的这一观点也得到了相关研究的支持。

尽管学习并不局限于大脑的任何特定区域，但是大部分学习都是在大脑皮层的指导下进行的。越是"聪明"的动物，大脑皮层的表面积越大，沟回折叠也更加复杂，例如海豚、鲸鱼和人类。

经典条件反射

经典条件反射将刺激与反应相连，即使是早期原始动物也掌握了这一基本的学习方式。

作用过程

条件反射始于某种刺激，该刺激会自动引发对应的反应。以巴甫洛夫的狗为例，这种刺激就是食物，让狗垂涎三尺。这种刺激（食物）与反应（流口水）之间的作用是无条件的，即先天的，无须进行学习。在条件反射形成的过程中，新的刺激（如铃铛声）需与非条件反射中的原刺激配对。多次学习后，铃铛声就会成为条件反应（学习）中的刺激，即使在没有食物的情况下也可以引发相应的反应。

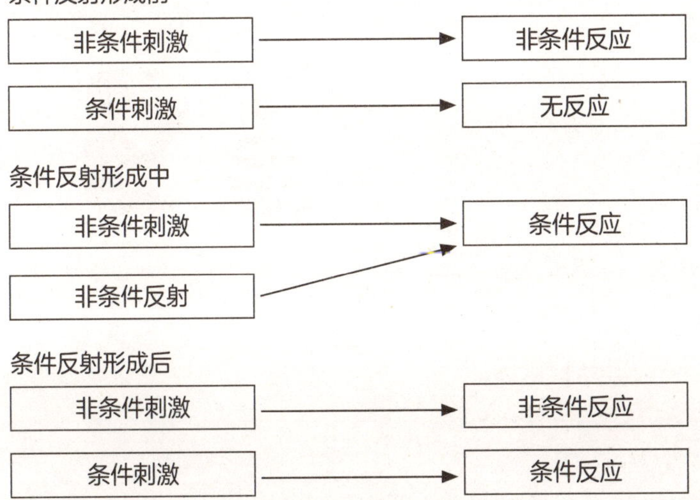

消退

条件反应形成后，如果条件刺激重复在没有无条件刺激的伴随下多次出现，这一条件反应就会消失，我们称其为条件反应的消退。但有时，已经消退的条件反应仍会在受到条件刺激时自发地重现，这就是条件反应的自发恢复。

条件反射与生理反应

1937年，罗德里克·孟席斯（Roderick Menzies）指出，条件反射同样适用于无意识的生理反应。他让被试将手放入一桶冰水中，并同时开启蜂鸣器，被试的手会在冰水的刺激下因血管收缩而变得苍白。多次试验后，孟席斯发现，当蜂鸣器响起时，即使在没有冰水的情况下，被试的手部血管也会收缩。

小艾伯特实验

约翰·华生坚信，包括人类学习在内的所有学习均来自刺激–反应过程。

实验准备

小艾伯特（Little Albert）是一个11个月大的婴儿：安静、不会被轻易吓到或感到害怕。约翰·华生和秘书罗莎莉·雷纳（Rosalie Rayner）把他作为实验对象，用以探究经典条件反射。

实验结果

很快，小艾伯特一见到宠物鼠就会被吓哭，想要爬走。此外，他对小白鼠的恐惧还延伸到了其他毛茸茸的物体上，比如棉球、白兔和皮大衣。华生认为这是人类反射（在这例实验中是恐惧）可以被操控的证据。

实验过程

他们给了小艾伯特了一只宠物小白鼠。一开始，小艾伯特会伸出手抚摸小白鼠。但当他的手抚摸小鼠的皮毛时，实验人员在他身后敲击铁棍制造出巨大的噪声。小艾伯特被这声响吓得向前跌了几步。他第二次伸手摸到白鼠皮毛时，实验员再次敲击铁棍。小艾伯特又跌倒了，并开始哭泣。一周后，实验员又给了小艾伯特一只白鼠，他确实是摸到了小鼠的皮毛，但只是试探性地去触碰，而不像之前那样放心地抚摸。这一实验持续了两个月，直到小艾伯特的母亲把他带走。

实验伦理

谢天谢地，类似的实验在当今是会被禁止的。因为它几乎违背了所有伦理道德原则。

效果律

一连串行动及结果后产生的另一种条件反射。

效果律

1911年，爱德华·桑代克向公众展示了他定义的“效果律”。他声称，如果一个行为产生了令人愉快的效果，那么这个行为很可能被重复；如果其后果是不愉快的，那么被重复的可能性较小。效果律的出现意味着学习行为有了一条最基本的法则。

操作性条件反射

斯金纳对操作性条件反射进行研究，深入探究了效果律。操作性行为是在环境中执行的，为全体可活动的动物所特有。有些操作性行为会产生连续效果，并且通过这种效果得到强化（巩固），直至成为习得反应，而另一些操作性行为则是无效的随机动作。

桑代克的迷笼

桑代克有个著名的实验：把猫咪放在一个密闭的迷笼中，只有通过拉扯一根悬在笼中的绳子才能使猫咪从迷笼中逃脱。猫咪在盒子里四下寻找逃脱机会，迟早会尝试去拉扯绳子，此时迷笼会被开启。每一次将猫再放回这个迷笼中，猫脱困的时间都会比上次更短。

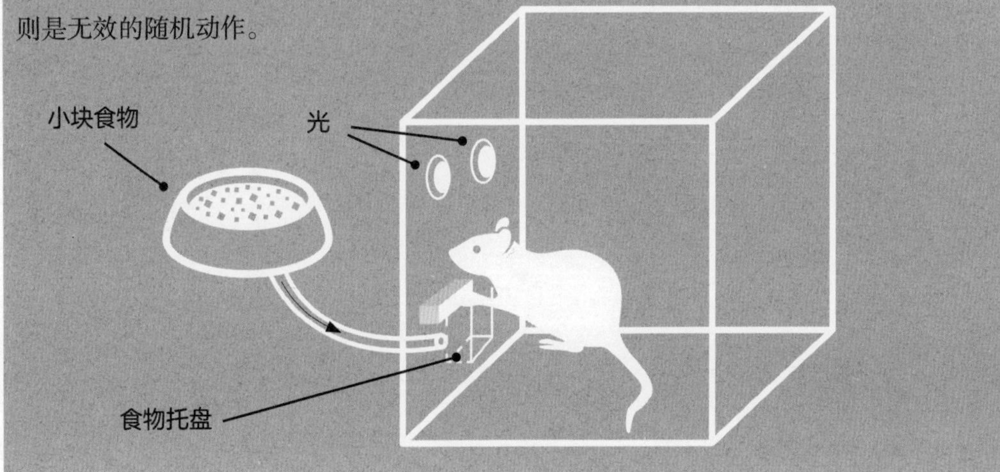

强化

通过条件反射使学习效果更加显著的过程被称为强化。

正强化与负强化

行为可以经由细小行动的强化得到训练。当某一行为得到了直接且令人愉悦的回报，这一行为就得到了正强化。

负强化则通过撤销厌恶刺激达成。需要注意的是，负强化与惩罚不同，惩罚是指呈现厌恶刺激或撤销满意刺激，惩罚能够使行为发生频率降低，而负强化会使被强化的行为频率增加。

惩罚

斯金纳认为惩罚是一种非常糟糕的训练方法。尽管惩罚有可能会阻止某些错误的行为，却为其他不良行为敞开了大门。

术语解释

行为塑造：通过持续强化动作中的细微改变来建立复杂的行为。

- 可变强化：如果时不时地进行强化，而非每时每刻都强化行动，那么学习成效最明显。
- 差别刺激：根据某种标志或信号，对特定行动进行强化。
- 泛化：当环境与初始的强化情境相似但不相同时，习得性反应就有可能发生。

强化的用途

经典条件反射和操作性条件反射都可以改变某些特定类型的人类行为。利用这两种条件反射，人们可以引导自闭症儿童自主学习，教孩子学习字母表，抑或是帮助一些人克服恐惧症。

单次学习

有些学习形式过于强大，只要一次我们就能完美掌握。

一次就好

单次学习是一种即时的条件作用，一般与食物和疼痛有关。比如，如果我们吃了让自己觉得不舒服的食物，下次就不会再吃了。再比如，我们不小心被什么东西烫伤了手，下次就不会再摸它了。

先备学习

先备学习与我们的生存息息相关，单次学习就是它的形式之一。让你觉得不舒服的食物多半有毒，所以还是不要再吃了。同理，规避那些造成疼痛的事物也有利于我们生存。

进化与学习

先备学习展示了进化对学习的塑造。各物种都会优先学习有助于其生存的行为。例如，蜜蜂能很快地将花香与食物联系起来，但学习其他气味时就相对较慢。

迷信

迷信大多产生于单次学习过程，会将某一特定行为与积极结果联系在一起（如穿上幸运裤就会走运）。同时，斯金纳也向我们展示了动物的迷信行为：一只在得到奖励前梳理过自己毛发的鸽子，会持续梳理自己的毛发，尽管并不是每次都能得到奖励。

印刻现象

印刻是另一种有利于我们生存的先备学习形式。

洛伦茨的研究

康拉德·洛伦茨（Konrad Lorenz）对刚破壳的小鸭子和小鹅进行了观察，他发现即使是刚刚出生的幼崽，也能跟着妈妈跑来跑去。而且，当一窝小鹅孵出来时，如果他在场，它们就会像跟着妈妈一样跟着他。这一快速的学习方式被称为印刻。

其他研究人员也对印刻现象进行了研究，发现：

· 这一现象会发生在刚出生就可以四处走动的早熟动物身上。

· 印刻有利于动物生存，这样小鸡、小马驹等就不会自己走丢了。

· 如果一只小鸭子或小鸡好不容易才追上了母亲，这种行为带来的印刻纽带会更强。

· 在蛋里听到的声音会让小鸡在孵化时记住声音的来源。

多年来，心理学家认为所有的父母－婴儿依恋，包括人类，都是通过印刻现象产生的，这一观点常被用于解释某些社会问题，如青少年犯罪。

然而，20世纪60年代后的研究陆续表明，社会互动对人类来说更为重要，人类婴儿的依恋关系的形成较动物更为缓慢。

认知行为主义

随着时代变迁，我们逐渐知晓了简单的条件反射并不能解释所有的学习行为。即使对于动物来讲，认知也可以帮助其学习。

条件作用并非全部

1932年，爱德华·托尔曼（E. C. Tolman）主张，即使是动物学习，也存在条件作用之外的过程。他先是让实验小鼠在没有任何奖励的情况下对复杂的迷宫进行自由探索，尽管小鼠们最终总会走到迷宫的终点，但任务完成的时间并不因它们对迷宫的熟悉程度增加而缩短。然而，当托尔曼在迷宫终点放置了食物作为奖励时，那些已经走过迷宫的小鼠会比初入迷宫的同类更快地走完全程。

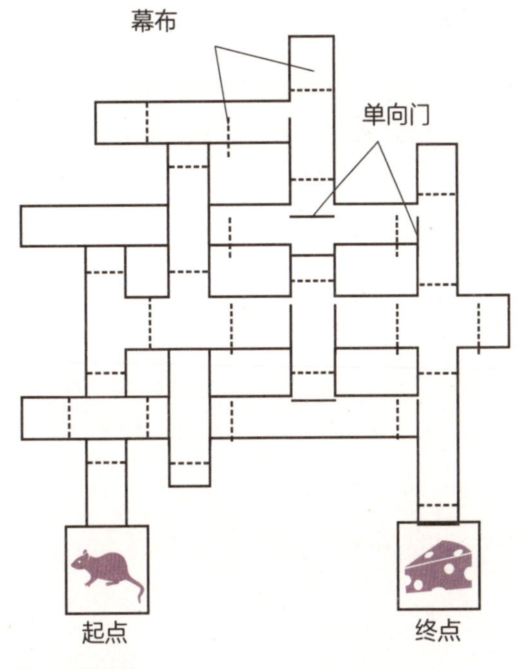

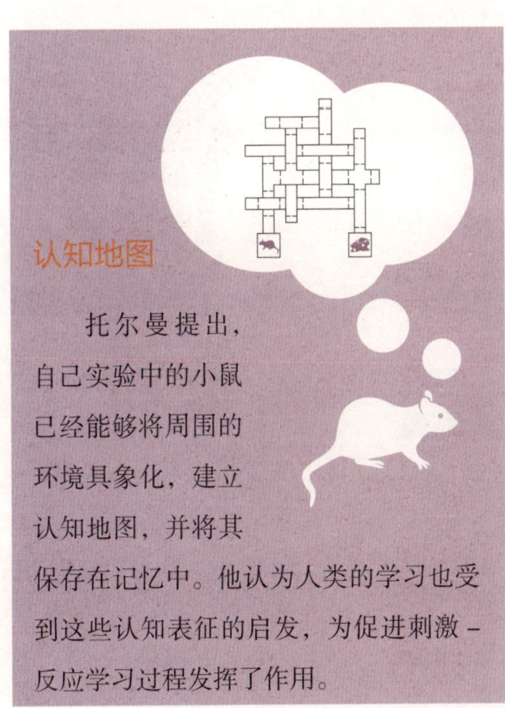

认知地图

托尔曼提出，自己实验中的小鼠已经能够将周围的环境具象化，建立认知地图，并将其保存在记忆中。他认为人类的学习也受到这些认知表征的启发，为促进刺激－反应学习过程发挥了作用。

学习定势

1949年，哈里·哈洛（Harry Harlow）提出条件反射同样作用于认知学习过程。他为猴子们准备了一系列难题，随后通过条件作用逐渐为它们构建经验，直到它们可以快速解决相似的难题。通过这一过程，猴子们已形成自身的学习定势，能够解决类似的问题，而这仅仅是基本条件反射的功劳。

动物学习与人类学习

不论是动物的学习，还是人类的学习，这一行为都远比行为主义心理学家想象得更加复杂。

动物实验

行为主义心理学家认为基本条件反射是一切学习行为的基础，因此，动物学习与人类学习在本质上是相同的。

这一理念致使动物在学习实验中被广泛使用，直至20世纪末期，这些动物实验的价值才开始被质疑。

实验伦理

无论是人类还是动物实验，实验伦理都得到了越来越多的关注。研究者们草拟了严谨的动物研究指南，对动物关怀和实验环境做出规定，并提出禁止对动物造成不必要的不适。到了20世纪90年代，动物实验已不再是心理学研究的普遍方式，其重要性也大打折扣。

心理学家对其他类型的学习也做了研究，包括抽象学习、模仿以及其他可以使我们习得适当社会行为的学习方式。研究表明，人与动物的部分学习行为相同，但也有部分不同。

近期，研究人员表明，很多动物都具备完成更复杂学习的能力——除了养宠物的人，这一点恐怕超出了其他所有人的认知。

社会学习

从本质上讲，人类是社会性动物，所以我们极易倾向于学习他人。

模仿

模仿是社会学习的重要组成部分，我们会下意识地进行模仿。就连婴儿也会模仿看护人的面部表情，照搬他人的言行举止是我们应对陌生社交环境的主要方法之一。

榜样的力量

比起随意模仿，我们更倾向于模仿自己尊敬的人，或是模仿那些我们认为在某些方面出类拔萃的人。这就是正面楷模的价值所在：残奥会这样的活动会涌现出残疾人心目中的正面楷模，这些楷模也会在社会层面促使人们对残疾人的态度发生转变。

波波玩偶实验

1963年，阿尔伯特·班杜拉（Albert Bandura）向人们展示了学习行为是如何在没有外在言行表现时就在认知层面上发生的。他给孩子们放映影片，影片的内容是人们朝着“波波玩偶”（一个大型充气娃娃）拳打脚踢。起初，孩子们并没有模仿影片中的攻击行为，但当他们因击打波波玩偶而获得表扬、奖励时，他们就模仿了刚刚看到的一切。班杜拉的研究结论得到了后续大量研究论证的支持，这些研究表明，尽管每个人受到的影响程度不同，但电视及其他媒介中的暴力行为会使现实社会中的暴力行为进一步滋生。

技能学习

我们一直不间断地通过工作、爱好和运动等方式学习新的技能。

控制技能动作

我们在首次学习一项新技能时，往往对自己的动作非常在意。这时，这些动作是由大脑上部的运动皮层控制的。随着不断练习，我们可以自然、流畅地做出动作，无须思考。这时，这些动作都由大脑后方的小脑控制。

精神训练法

精神训练法对技能学习而言也很有帮助。通过想象自己完美地掌握了这项技能，我们可以帮助大脑巩固这一学习内容，虽然无法替代真正的练习，但也会有所帮助！

技能巩固

技能学习通常伴随着平台期的出现，在这一时期，再多的练习似乎也无法带来任何提高。然而，平台期对技能的巩固至关重要。看似没有任何进展，但此时的练习可以帮助我们更扎实地掌握该项技能，形成条件反射。

完善技能

通过与优秀运动员的密切合作，心理学家掌握了大量技能学习的相关信息。其中绝大多数的信息对普通人而言同样适用。例如，众所周知，阶段性练习比长时间的连续练习更加有效。

图式发展

心理图式的发展是学习行为中的重要一环。

图式

图式是一种思维结构，用以组织、描述和解释我们的经验，能帮助我们更好地应对外界。图式比概念更加丰富，因为它包含了我们应该采取的恰当措施。

经验让图式逐步发展：我们通过在已有的图式中添加新信息以拓宽自己的理解。

融入与适应

有的新信息可以直接融入已有图式，而有时图式则会自我延伸以适应新信息。有时这意味着把最初某个单一的图式分为两个或者更多不同的图式。

例如，儿童或许会发展出一个“毛绒物品”图式，但通过经验，这个图式可能会被分为“有生命的毛绒物体”和“玩具”两个图式。

图式类型

基于需要应对的情况，图式类型也多种多样，例如：

· 事件图式：关注事件中应该发生或者已经完成的内容（如生日宴会）；

· 角色图式：关注如何扮演某个特定的社会角色（如警察）；

· 人物图式：关注对某些特定群体或个人的了解及预设；

· 自我图式：关注我们对自身的了解和评价。

自我效能与思维模式

相信自己可以掌控一切的信念有助于我们的学习和生活。

自我效能

自我效能是对自身行为有效性的判断。自我效能感高的人相信自己可以取得成绩，会在需要时付出努力。相反，自我效能感低的人在困难面前更容易放弃，认为努力是无意义的尝试。研究表明，就教育成就而言，自我效能比能力更加重要。

游戏与自我效能

自我效能和激励机制的心理学原理也被设计师应用在电脑游戏领域中，他们向玩家证明：只要长期坚持不懈，就一定能取得成功。尽管部分涉及反社会内容的游戏会诱导反社会行为，但并没有足够的证据表明，电脑游戏对儿童的伤害比其他消极活动更大。这应当算是玩游戏的益处之一。

思维模式

自我效能与我们日常生活中的思维模式息息相关。成长型思维模式的人坚信自己可以不断学习、提升，掌握自己的生活。而持固定型思维模式的人则认为自身的能力是固定而不可控的。成长型思维模式是取得个人成就的关键。通过实现一系列易控制的小目标可以帮助我们培养这一思维模式。

认知心理学

认知心理学研究什么

认知是精神层面的活动，例如思考、感知和记忆。

心理活动

认知心理学研究人类的心理活动过程。常见的研究方向包括“记忆是如何产生的”“知觉如何工作”，以及“影响我们决策行为的主要因素有哪些”。

认知革命

尽管从学科创立伊始，心理学家就在对心理活动过程进行研究，但行为主义学家对心理过程研究的批判却在20世纪中叶占据了主导地位，他们认为学习行为更值得研究。但是在20世纪后半叶，心理学迎来了它的“认知革命”。心理学家再次将注意力聚焦于思维和心理活动过程。

实验室研究

与早期采用内省法的心理学家不同，近年来，认知心理学家已逐渐将严格的实验室研究作为心理学的主要研究方法，探究诸如记忆、知觉、问题解决和决策制定之类的主题。

信息加工

计算机的发展引起了人们对信息加工的极大兴趣。最初，人们假设人类大脑以一种与计算机相同的方式加工信息。但最终，研究表明，我们的猜想与实际情况大相径庭。与计算机不同，人类会受到预期及社会因素的强烈影响。

记忆

记忆是心理学家最初探索的话题之一，他们的诸多洞见直至今日也依旧准确。

艾宾浩斯

1885年，赫尔曼·艾宾浩斯（Herman Ebbinghaus）出版了一部有关记忆的著作，其中涵盖的一系列研究揭示了记忆的运作原理。他用几张由无实意的三字词组成的词表（如ZUD，GEK），对自己反复进行测试，看他到底需要多长时间来记住一张词表，以及一次能回忆起多少词，等等。

记忆过程

跟其他词相比，艾宾浩斯发现词表中第一个及最后一个词更容易被记住。这就是所谓的首因效应与近因效应。他还发现，在整体记忆时间相同的情况下，把记忆环节拆分成小段比用一整段时间进行记忆更有效。并且，在锻炼运动技能时，也有着同样的效应。

遗忘过程

艾宾浩斯发现了四种主要的记忆类型：

- 回忆——无须任何提示即可想起；
- 再认——在某一词或词表再次出现时想起；
- 重整——即使不能准确地想起一个词表，但仍可依照其原有顺序进行重构；
- 再学习——即使完全忘记了词表内容，再重新记忆原来背过的词表也比背诵新词表要快。

依照弗洛伊德及其他精神分析学家的发现，我们还要再加上动机性遗忘，即人们会因回忆太过情绪化或痛苦而选择遗忘。

记忆的表征

在我们的大脑中，记忆通过感官意象、符号或语言来表现。

编码记忆

我们的大脑可以通过感官对记忆进行编码。熟悉的气味或地点都可能触发大量记忆，例如在我们听到某首特定的歌曲或某段录音时，会很自然地回忆起第一次听到这首歌或录音的场景。感官信息会成为回忆的线索。

环境

记忆的环境也很重要。记住产生记忆的外部环境是找回特定记忆的好方法，对环境的记忆越清晰，就越有可能回忆起我们试图寻找的信息。当然，内部环境也同样重要。以状态依赖记忆为例，如果我们在记住特定信息时正好处于某种状态（如兴奋或饥饿），事后在处于同样的状态时，就能更好地回忆起这一信息。

表征模式

小婴儿通过对动作的记忆形成肢体记忆，这就是记忆的动作表征。随后，视觉记忆逐渐变得重要，比如，孩子们喜爱的绘本虽然不包含各种动作，却有着各类视觉图像。这就会形成记忆的图像表征。再之后，孩子们学会用符号表征，如使用文字和其他符号来存储记忆。作为成年人，为了将更多内容存储在记忆中，以上几种表征模式都会为其所用。

记忆的组织

我们可以通过更深入地加工信息来改善记忆。

神奇的数字7

1956年，乔治·米勒（G. A. Miller）发表了他的研究论文《神奇的数字7±2》（*The Magical Number Seven, Plus or Minus Two*）。文章中指出，我们通常只能一次性记住5项至9项信息。为了记住更多的信息，我们必须将其分成“组块”（chunk）。例如，1-9-1-4-1-9-1-8-1-9-3-9-1-9-4-5这样的一串数字很难记忆，但如果将其划分为两次世界大战的起始年份1914-1918-1939-1945就容易多了。

助记符

助记符可以为我们提供线索，帮助大脑定位信息。“约克的理查德徒劳无功”（Richard Of York Gave Battle In Vain）就是一个著名的助记符，便于我们记忆彩虹的颜色（红、橙、黄、绿、蓝、靛、紫）：这句话中每个单词的首字母和对应颜色的英文单词首字母相同。像这样的句子、图像甚至声音都可以作为助记符，帮助我们更好地记住原始信息。

心理加工

我们对信息加工得越多，就越有利于记住它们。在一项研究中，研究人员需要向被试展示词语，并询问有关词语的问题。第一组被试的问题与视觉相关（如大写字母），第二组的问题与听觉相关（如押韵），第三组的问题则是关于语义的。结果，第三组记住的词语最多，而第一组最少。这反映出被试对信息进行心理加工的程度对记忆至关重要。

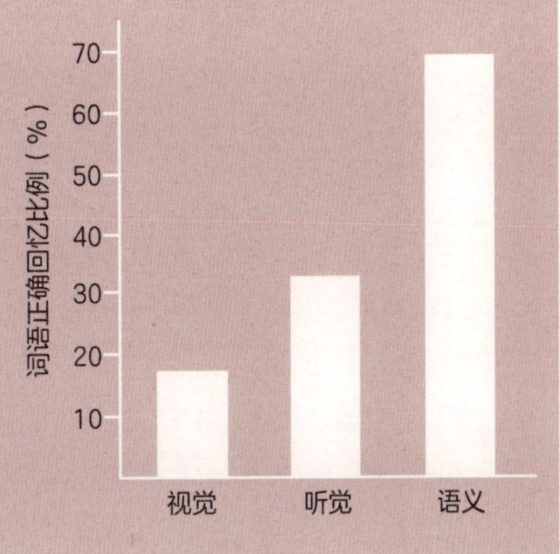

记忆模型

记忆模型多种多样。

双重过程理论

双重过程模型是一种早期的记忆模型，该理论认为，人类有两种记忆方式：长时记忆能随时间推移而牢牢储存信息；短时记忆只能帮助我们记忆正在使用的少量信息，不会把信息保存很久。一遍又一遍被反复回忆起来的信息，就会从短时记忆进入长时记忆中。后来，心理学家意识到记忆体系不该这样简单：一些信息可以不在短时记忆停留而直接进入长时记忆，其中的过程比简单的重复更具启迪意义。

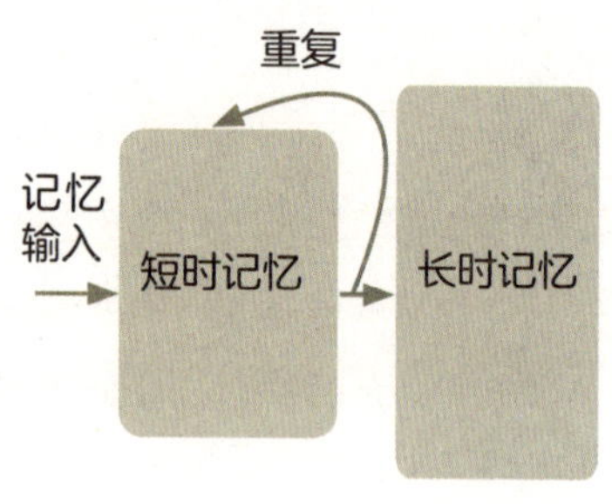

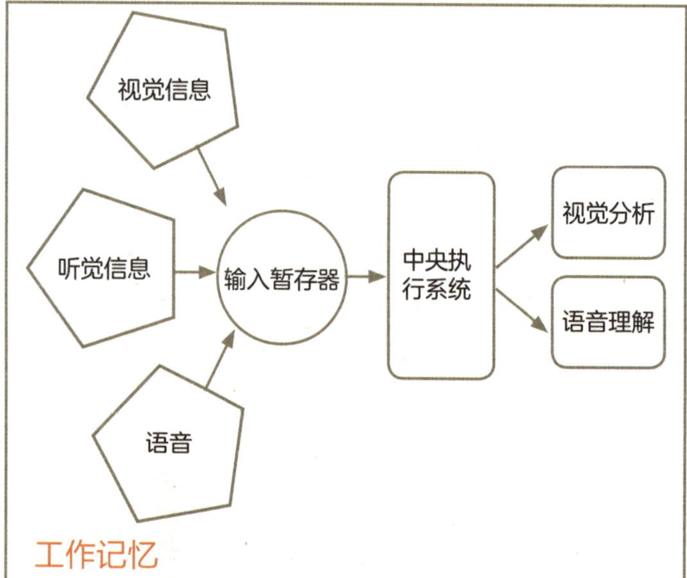

工作记忆

巴德利（Baddeley）和希奇（Hitch）于1974年提出了一种工作记忆模型：中央执行系统分析即时信息内部的关联性，并通过视觉、听觉、语音、重复等多种途径接收即时信息。随后，中央执行系统以语音或行动的形式输出记忆。

其他记忆类型

心理学家归纳了更多的记忆类型：

· 情景记忆——记忆特定的事件或情节。

· 语义记忆——记忆处事方式。

· 自传式记忆——记忆自身过往经历。

· 闪光灯记忆——记忆耳闻目睹的奇闻轶事，将其生动形象地回忆起来。

· 前瞻性记忆——记住我们未来需要做的事情，比如，提醒自己要记得约会时间。

主动记忆

记忆行为并不是单一被动的，我们会对储存中的记忆进行主动调整以适应我们已知的信息。

信息调整

早期关于记忆的研究假设：记忆是对我们经历的实录（至少我们是这么认为的）。但是在1932年，弗雷德里克·巴特莱特（Frederick Bartlett）证明了记忆其实是个主动的过程，我们会根据自己对世界的期望和已有知识对记忆信息进行调整。

鬼魂之战

巴特莱特采用了一个叫作“鬼魂之战”的美国原住民故事。他先是对一个美国白人被试讲了这个故事，而后要求听者叙述给下一个人。然后，第二名被试需再次将同一个故事讲给第三名被试，以此类推。这种方法被称作系列再生。

改变过程

当这个故事被复述时，它：

- 变短了；
- 遗失了原故事中的姓名和数字；
- 更符合惯例；
- 对听众来说更容易理解；
- 偏离了原来的版本；
- 改变了原有的重点；
- 反映出听众自己的情绪。

变化原因

对于普通的美国白人来说，这个故事是没有意义的，因为它涉及精神世界与人们日常琐事的交织。巴特莱特的研究表明，人们会根据自己的方式和期望来调整正在记忆的内容。

目击者证词

伊丽莎白·洛夫特斯（Elizabeth Loftus）的研究使我们对记忆操控的影响有了更广泛的理解。

一次车祸?

有这样一个经典的研究案例：被试先是观看了一部关于轻度车祸的电影，随后，被分为两组，分别对“两车发生碰撞时，车速大概是多少”和“两车相互冲撞时，车速大概是多少”做出回答。一周后，被试被再次问及这部电影，特别是现场是否有车祸导致的玻璃碎片。第二组被试称自己清楚地记得事故发生后，碎玻璃散落在马路的画面，即使电影中从未出现这一场景。

错误信息效应

在随后的研究中，伊丽莎白向我们展现了这些错误信息对记忆的巨大影响。暗示性或诱导性问题确实会改变人们的记忆，且一旦记忆被更改，就很难与原本的记忆区分开来。

法律意义

了解暗示对记忆的影响在法律实践层面具有深远意义。伊丽莎白·洛夫特斯的研究结果促进了法律程序的不断完善，尤其是在证人询问的环节，力求将这种影响降到最低。

约翰·迪恩的记忆

这一经典案例表明，即使在弄错细节的情况下，我们仍能记住其社会意义。

水门事件

20世纪70年代中期的水门事件听证会导致时任美国总统理查德·尼克松（Richard Nixon）被弹劾。他被指控非法录制了其竞选对手的机密谈话。彼时，以记忆精准著称的约翰·迪恩（John Dean）在白宫担任助理，他的证词显得尤为重要。并且，他还能准确地回忆起谈话细节。审判后期，原始录音被发现，也证明了他证词的准确性。

信息与细节

认知心理学家乌尔里克·奈塞尔（Ulrich Neisser）在研究了录音带和迪恩的证词后发现，尽管迪恩的记忆于他自己而言十分清晰，也确实回忆起了这次事件中的重要内容，不过，他对事件具体细节的描述几乎完全是不准确的。也就是说，他精准地记忆了事件的社会意义，但对于确切的事实细节却并非如此。

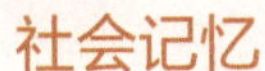

社会记忆

正如奈塞尔所表明的，即使特定细节有误，社会因素仍能带给我们准确的记忆。这一点与我们作为群居动物的进化有关，有时我们可能会需要利用他人的信息，能对其合理解读就是一种进化优势。

知觉

知觉是我们对外界感官信息的处理和诠释。

知觉组织

我们通过感官获取大量的信息，而知觉的第一步就是将其组织成有意义的单元。格式塔心理学家提出了包括接近律、相似律和闭合律在内的知觉完形法则，使我们可以在背景中抓取重要图形。

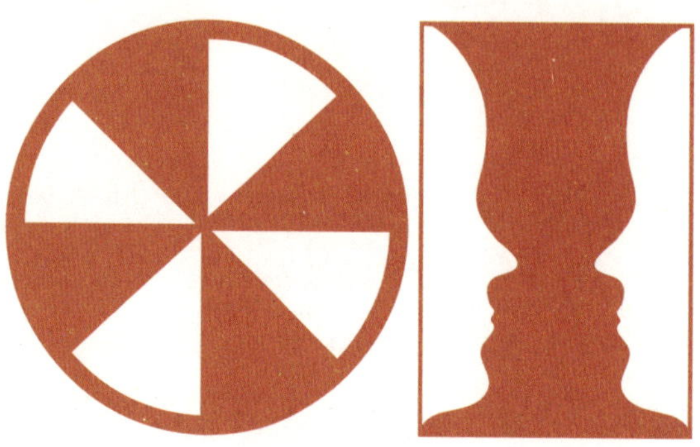

图形－背景知觉

当我们看到左边这些图像时，可以轻易地从背景中找到突出的图形。但每次我们只能看到一个图形：交叉的白色图案或黑色图案；花瓶或两个人像剪影。如果我们注视其中一个图形，另一个就会消失。著名艺术家埃舍尔（M. C. Escher）在他的很多设计中都应用了这一原理。

先天知觉

我们的大脑中存在可以对线条和简单图形做出反应的特殊细胞，它们是图形－背景知觉的基础。同样，我们的大脑中也存在可以对面部形状做出反应的特殊细胞，它们充分证明了人类的社会性。这些细胞反应都是先天的，即我们对基础图形和其他人类的感知能力与生俱来，而后天经验则可以提升我们的知觉能力。

感知距离

感知事物的距离是视觉知觉的重要组成部分。

深度线索

深度线索是帮助我们确认物体距离的视觉特征，可分为单目深度线索和双目深度线索两类，前者仅需单眼即可判断，而后者需要双眼同时进行判断。

单眼线索

艺术家常用到的七大单目深度线索为：

· 相对大小
· 叠加
· 平面高度
· 颜色渐变
· 纹理渐变
· 阴影
· 透视

叠加

颜色渐变

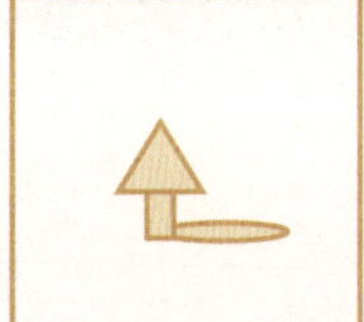

阴影

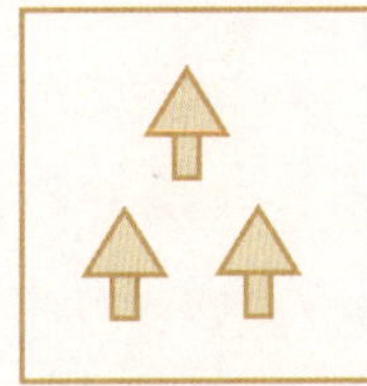

平面高度

纹理渐变

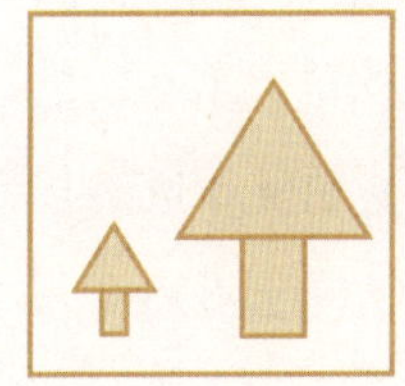

相对大小

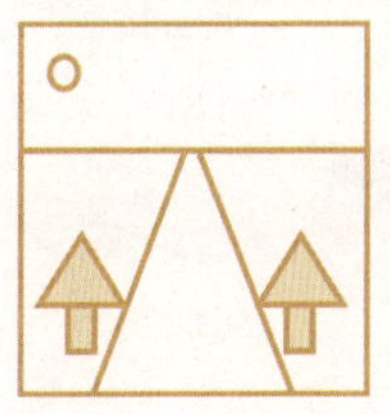

透视

双线线索

我们左、右眼接收到的图像略有不同，被称为双眼视差，这是一种形式。好在我们的视觉系统会将左、右眼接收的图像相连，以供大脑进行对比。双眼肌肉融合是另一种形式：伸出一根手指，指尖指向鼻头，双眼紧盯指尖。随着手指逐渐向面部移动，我们的视觉角度也逐渐向内移动。这一线索也可被大脑所用。

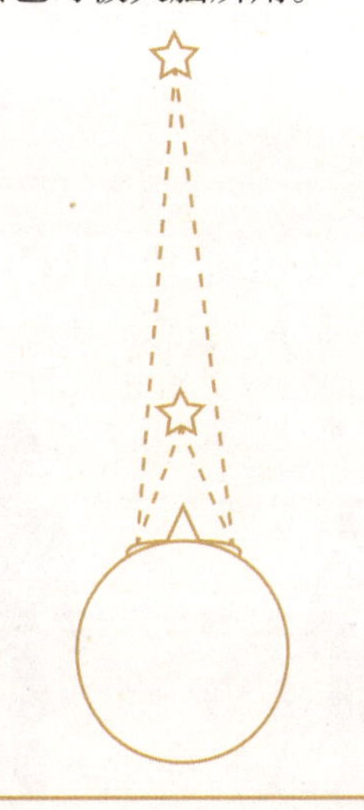

知觉定势

我们的预期对知觉的影响程度与真实世界对知觉的影响程度大同小异。

定势

心理学家看到“定势”一词，就像运动员听令于“各就各位……预备……”一样（二者在英语中同为“set”），意味着要做好准备，开始工作了。对于认知心理学而言，定势代表要以某一特定的方式思考、记忆或感知。

启动效应

通常，我们只会看到自己准备看到的东西。例如，如果先向被试呈现一串数字，左图在其看来就会更像一个隐约的数字13，但如果先呈现一串字母，被试就会看到字母B。这一现象被称为启动。与之相似的是，这个动物是兔子还是鸭子？我们最先看到的取决于我们准备感知的，也就是取决于我们的知觉定势。

知觉恒常性

我们还会调用我们已经知道的东西。当我们看到有人朝自己走来时，我们看到的视觉图像会变大，但我们依然知道那个人是原来的身高。这被称为大小恒常性。同样，一辆熟悉的蓝色汽车即便是在橙色灯光下，在我们看来也依然是蓝色的。这就是颜色恒常性。如果你不熟悉某辆汽车，你可能不会知道它真实的颜色，因为在橙色灯光下眼睛接收到的波长与平日里是完全不同的。

视错觉

有时候，我们的知觉可能完全被耍了。

错觉中的格式塔原理

有些错觉是知觉完形法则造成的，如接近律和闭合律。右图就是一个很好的例子：尽管图中并没有三角形出现，我们却看得到它，甚至感觉它比周围的图案更为显眼！

深度线索错觉

有些视错觉是由深度线索造成的，如庞佐错觉。上方线条看起来比下方线条要长，但其实这两根线条长度相同。艾宾浩斯错觉则利用了相对大小，我们会误以为左边的圆心更大，但其实这两个圆心的大小相同。

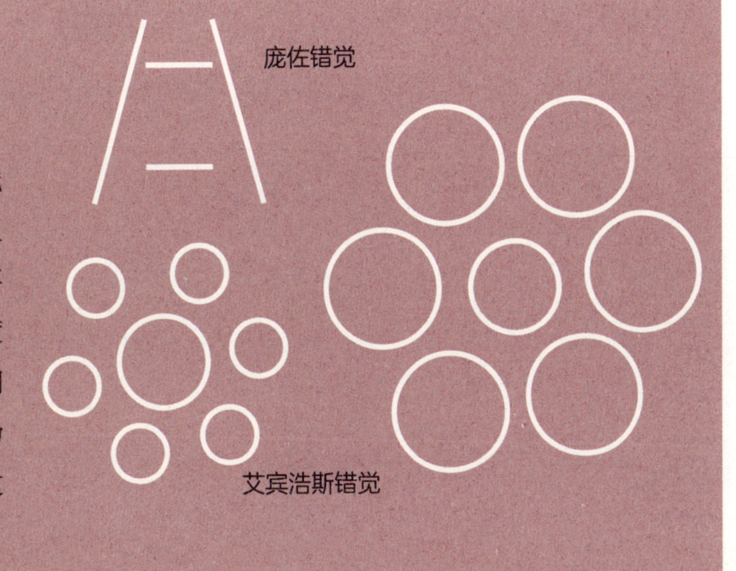

后像

当我们长时间从行驶的火车上向窗外看，火车停下时，我们就会以为自己在向后移动。这是因为我们的视觉细胞已经习惯了这种运动状态，需要时间进行调整。同理，如果我们盯着一个红色的形状一分钟左右，然后将视线转移到白色的纸上，就会看到这一形状的绿色残像，这就是由我们眼中颜色细胞调整造成的。

两种知觉理论

格里高利（R. L. Gregory）和吉布森（J. J. Gibson）对视觉知觉的解释大相径庭。

假设检验

格里高利认为，大脑对所见事物形成假设（有理有据的猜测）从而构建出我们现有的知觉。知觉以假设为基础，而假设又建立在深度线索和格式塔原理之上，这就是为什么我们会被海市蜃楼欺骗双眼。

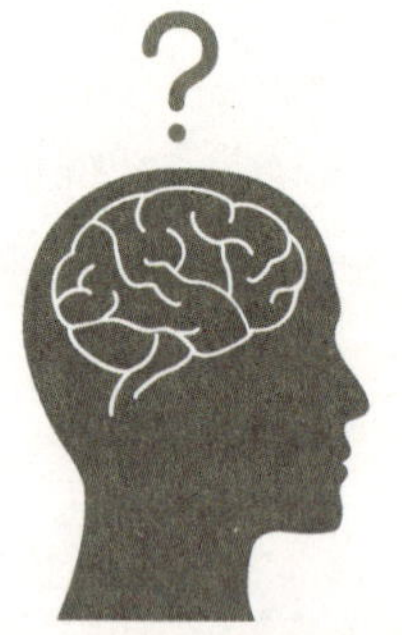

纳克方块（THE NECKER CUBE）

格里高利以纳克方块为论据，左图给出的深度线索是“方块的哪一面距离我们更近”，而我们的大脑无法确定到底是哪一面。因此，我们的知觉会在这两种选择中摇摆不定——这不是我们能够有意识地控制的。

直接知觉

吉布森认为，现实生活中的知觉更为直接。仅是随意变换位置就能消除大多视觉幻觉。例如，视差是我们移动时观察其他事物的方式——较近的物体似乎比远处的物体移动得更多。如果我们静止不动或是仅从纸面上观察，则不会出现这种关于物体远近的距离提示。吉布森认为，知觉是在消除了许多不确定性的生态环境中产生的。

知觉循环

乌尔里克·奈塞尔的知觉循环模型向我们展示了已有知识在当前认知活动中的应用及我们如何对预期之外的信息进行收集。

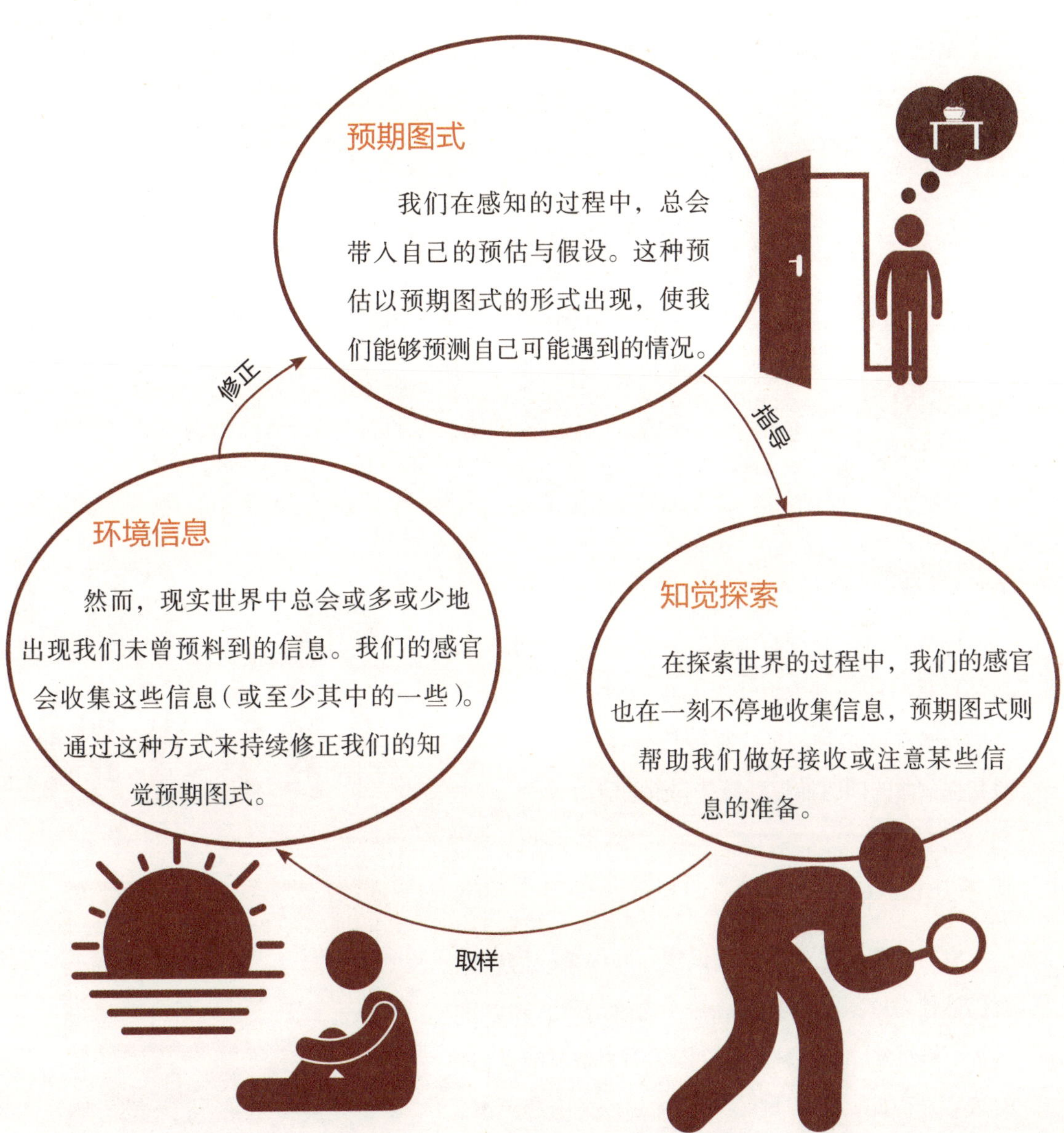

注意

感知周围环境也是知觉的一部分。

有意注意与无意注意

早期的心理学家如威廉·詹姆斯对有意注意和无意注意做了区分：有意注意即我们自主地对某件事表达关注，无意注意即我们被如噪声类的外界刺激被动吸引。

注意的集中与分配

另一种区分是注意的集中与分配。注意集中是指我们忽略其他刺激，仅对单一刺激做出反应，比如在别人进行交谈时专心阅读。注意分配是指我们同时关注着不同信息，比如在看电视的同时看着手机。

鸡尾酒会效应

即使我们正全身心地投入一场交谈，类似于自己名字这样的特殊刺激也能吸引我们的注意，这就是鸡尾酒会效应。多种心理学模型均解释了人们这种在过滤其他刺激的同时捕捉到特殊刺激的能力。

阈下知觉

有时，我们虽然并未意识到一些细微的信息，但仍然能对这些信息有所认知，这就是阈下知觉。尽管不被察觉，这些信息却能潜移默化地影响我们的决定。因此，自20世纪50年代起，美国和英国广告业便明令禁止了商家对潜意识信息的应用。

思维

思维研究是认知心理学的另一个重要组成部分。

心理定势

像知觉一样，我们的大脑可以通过“设置”以特定的方式思考。心理定势是对特定心理活动的一种准备或预备状态，这种定势可以帮我们更迅速地处理问题，但也意味着我们可能会因此忽略他人眼中“显而易见”的更优解决方案。

问题解决

生而为人，我们总要解决这样或那样的问题，不论是为某项任务制订计划，还是下定决心向他人传达一个坏消息，我们解决问题的能力都受到预期和假设的强烈影响，认知心理学家们也开始对这种影响进行深入探索。

决策制定

认知心理学的另一个重要课题是我们如何做出判断和决策。我们的判断和决策常常受到很多因素的影响，广告业也在乐此不疲地探索着这一问题的答案。

思维的捷径

我们不会总是细致入微地考虑问题的方方面面。相反，我们经常会走捷径，这种方式会简化我们的心理活动，被称为“启发法”。人们的大多数思想都被这些启发式的捷径给简化了。

具有挑战性的心理定势

良好的决策制定离不开具有挑战性的心理定势。

横向思维

1977年，爱德华·德·波诺（E. de Bono）提出了“横向思维”这一理念。他认为已有的逻辑局限和常规的思考模式会使我们的思维陷入僵局，阻碍我们高效、创造性地解决问题。“跳出框架思考”就是横向思维的一种，即有意地摆脱对可能性的既定假设，从而探索全新的解决方案。

头脑风暴

头脑风暴是一种群体决策方法，也是一种具有挑战性的心理定势。很多人以为头脑风暴就是简单的想法碰撞，但事实绝非如此。当多人在场时，我们往往会因为自己与众不同的想法而感到焦虑，生怕别人觉得自己是个傻子或疯子。为避免这种情况，一场高效的头脑风暴会议应包含以下三个独立的阶段。

头脑风暴的三个阶段

1. 提出观点。此阶段鼓励与会者自由发表观点，无须顾虑其想法的合理性与可实施性。

2. 观点辨析。此阶段要求与会者对上述所有观点进行辨析，其中，任何确定不可行的观点将被驳回。

3. 重点评估。在这一阶段中，与会者仅对保留方案进行评估，就其优缺点展开讨论。

行家与“菜鸟”

在自身认知与经验提升的同时，我们解决问题的能力也随之提高。

专业知识与创造力

心理学研究表明，专业人士与初学者对同一问题的处理方式往往大相径庭。以国际象棋为例，专业人士会以棋子之间的关系来看待整场比赛，而初学者则更关注单一棋子的移动。专业人士的处理方式往往更具创造力，受思维定势的影响也更小。

自动化

与初学者相比，专业人士的最大优势在于其更丰富的实践经验。他们熟练掌握了大量认知技能，甚至可以一眼就看出问题的解决方案。但对于初学者来说，往往需要耗费相当长的一段时间。此外，除了可以识别出那些“似曾相识”的情景，专业人士还可以识别出这些情景的不同侧重。这些认知技能通过反复练习被自动化了，因此，专业人士通常是在没有意识到的情况下就使用了这些技能。

如何识别真正的行家？

- 广泛实践、学以致用
- 从不同的角度理解问题
- 用不同的思路解决问题
- 懂得更多
- 记得更好

决策中的社会影响

很多情况下，我们需要与他人一同制定决策，因此也会受到其他因素的影响。

风险转移

我们倾向于假设由小组或委员会做出的决策会更安全、保守。但研究表明，与个人独立做出的决策相比，群体决策通常具有更高风险，群体共识和责任分担会使决策更可能具有冒险倾向。

群体极化

后来有一些针对群体影响的研究表明，群体决策也不一定总是具有高风险，有时，群体会做出更安全的判断。与个人成员的决策相比，群体的影响体现在制定出更为极端的决策，即更为保守或更为激进。这就是群体极化。

群体思维

有时，群体影响会变得过于极端，导致群体决策完全脱离现实。以美国航天计划的一次重大事故为例：彼时的管理层过分地执着于发射可以带来的公关影响（美国史上首位平民宇航员），全然不顾工程师的警告，导致飞机在升空数十秒后就发生了爆炸。对于成熟的团队而言，群体思维是一个常见而严重的问题，需要小心谨慎地防范。

启发式思维

制定决策时，我们总是或多或少地采取了走捷径的启发式思维。也就是说，我们的决策并不是百分百明智的。

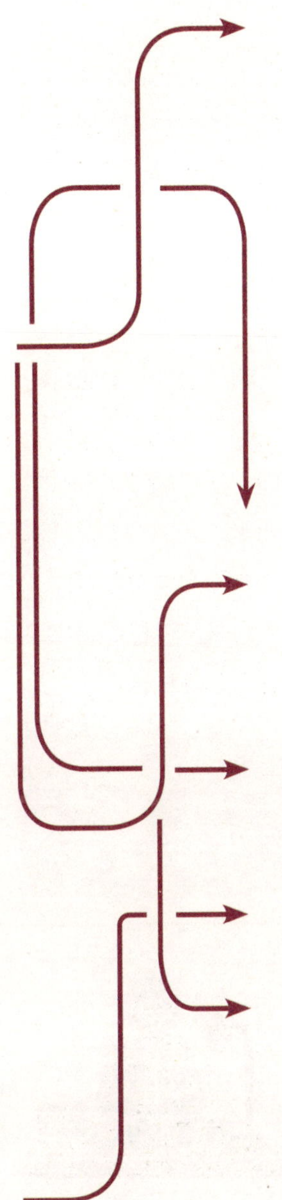

常见的启发式思维

可得性启发偏差：在做决定时倾向使用现成的信息（例如最近用过的信息），而不寻找替代方案。

错觉关联：将两个完全独立的事物以某种方式联系在一起。

锚定效应：用给到的第一个事物作为后来判断的基准线。

陷阱（Entrapment）：有时我们会因自己已付出的投入使情况陷入僵局。

框架（Framing）：基于当前环境做出决定（例如，在法庭上和在家里时，有可能会对同一行为产生不同的判断）。

代表性启发：基于看起来最符合常识的选择做出决策。

证实偏见：倾向于只接受我们已经愿意相信的信息。

社会脚本（Social scripts）：共享一种社会性的假设，即人们在特定情况下会如何行动。

后见式偏见：再次审视过去的决策时，总是认为结果显而易见。

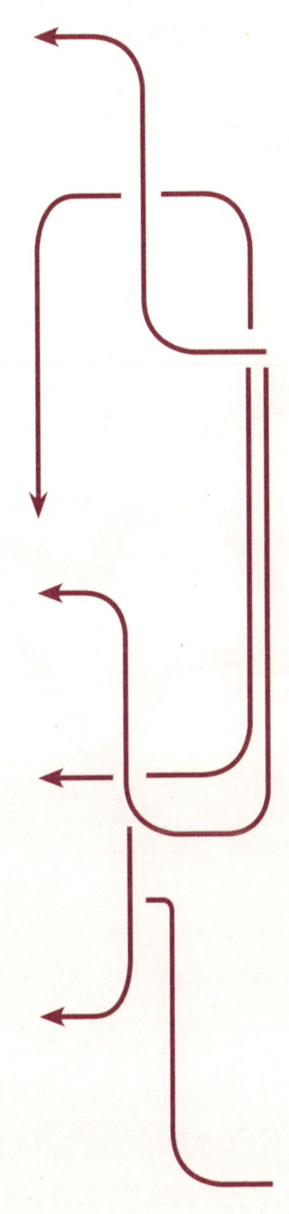

思考，快与慢

我们的思维方式可分为两种，特点各不相同。

卡尼曼与特沃斯基

丹尼尔·卡尼曼（Daniel Kahneman）和阿莫斯·特沃斯基（Amos Tversky）是两位认知心理学家，曾一同就启发式思维的重要意义进行研究。2002年，卡尼曼的研究荣获了诺贝尔奖。特沃斯基因已于1996年去世而未能分享这一奖项。2011年，卡尼曼发表了著作《思考，快与慢》（*Thinking Fast and Slow*），将二人的研究整合成理论。

系统1思维（快思考）

大部分情况下，我们的日常思维方式都属于系统1思维。这种思维快速、直观，在很大程度上是自发进行的，同时深受启动效应、启发法和其他思维捷径的影响。正因如此，我们常会对事情妄下结论。这种思维是我们所熟悉的，适合处理日常生活中的事件。但当我们需要更深入地思考问题或更多地关注细节时，系统1思维就不再是首选了。

系统2思维（慢思考）

系统2思维是谨慎、怀疑而全面的。这一思维方式需要我们有意识地关注细节，精力高度集中、全神贯注地思考。这一思维模式或许会令人筋疲力尽，但同时也会令人愉悦，体会“茅塞顿开”的满足感。

精神分析学

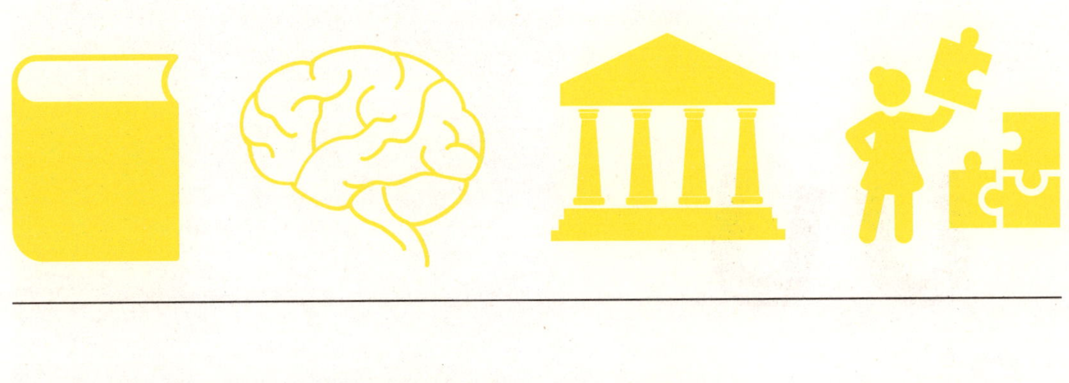

精神分析学的起源

所有心理疗法都可以追溯到治疗癔症患者时采用的“通磁术”。

麦斯麦通磁术

奥地利医生弗朗兹·安东·麦斯麦（Franz Anton Mesmer，1734—1815）认为，人的身心健康源于体内有序的磁力。他让患者喝下溶有铁质的液体，然后将磁石置于身体上方，使其进入某种睡眠状态，患者在这种状态下仍然可以说话、做动作，醒来后便会感觉身体情况好转。后来麦斯麦发现，即使没有磁石，他仅用双手也能对患者实施“催眠”。

催眠术

19世纪40年代，一位名为詹姆斯·布雷德（James Braid）的苏格兰外科医生发现，催眠状态（他称之为“恍惚状态”）可有效治疗心理疾病。患者持续专注于某种物体几分钟后便可进入此种状态。随后，布雷德会对他们提出一些治愈的想法。脱离催眠状态后，患者就真的会感到治愈，如同奇迹一般。布莱德将这一过程重新命名为催眠术。

双重意识

布雷德对催眠进行了科学研究，并发展出一套探索人类“双重意识”的心理生理学理论。他认为可以通过催眠对双重意识进行评估，由此治疗癔症。法国神经学家让-马丁·沙可（Jean-Martin Charcot，1825—1893）对此表示认同，并在1885年公开展示了对患者进行催眠的过程。当时弗洛伊德也在观众席上，这让他意识到催眠是一种进入

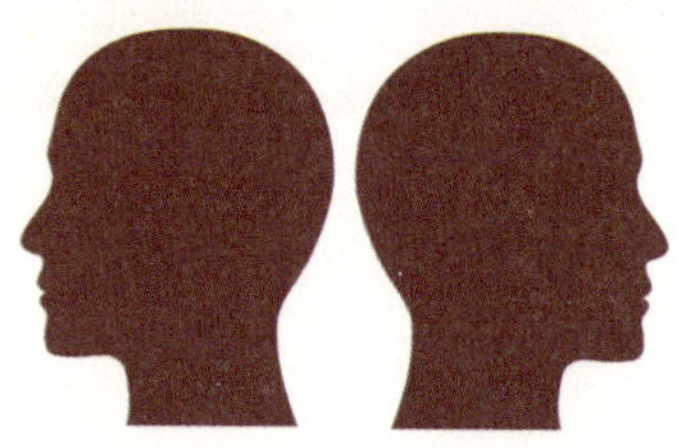

大脑潜意识区域的方法。布雷德发现，人在进入催眠状态时，听觉会变得敏锐。通常情况下，我们最多可以听到1米外的手表滴答声，但在催眠状态中，这一距离可以延伸至10.5米。

弗洛伊德与“谈话疗法”

两位维也纳医生致力于描绘大脑工作时的结构，这样他们就可以像治愈身体一样治愈大脑。

约瑟夫·布洛伊尔（Josef Breuer，1842—1925）

19世纪70年代，奥地利医师约瑟夫·布洛伊尔使用催眠术令患者的思维退化到其生命早期水平，随着患者释放了强烈的情绪能量之后，他们的神经症状（如一条腿无法活动）也随之消失。布洛伊尔将这种治疗方法称为情绪宣泄疗法，这也成了“谈话疗法”的首个雏形。

我们不想知道

弗洛伊德意识到，尽管催眠可以使患者的生理不适消失，但是“并不能改变引发症状的机制”，于是便不再使用这一疗法。为什么人们会用这种方式蒙蔽自我呢？人们是如何在无意识时做到这一点的？是什么导致了这种对觉察的抵抗？弗洛伊德认为如果他与患者都无法找到这种抵抗的原因，它就很可能会在其他情况下再次出现，并导致新的神经症状。

西格蒙德·弗洛伊德（1856—1939）

弗洛伊德是布洛伊尔的朋友兼同事，他们曾一起研究出这种“谈话疗法”。不过在布洛伊尔与他的病人安娜·欧（Anna O）坠入爱河后，他就停止了对精神疾病的治疗，但弗洛伊德却继续使用催眠和宣泄法对精神疾病进行治疗，并将这种“谈话疗法”精炼为一种可称之为精神分析的治疗方法。后来，弗洛伊德认识到，安娜·欧对布洛伊尔的“爱”是精神分析法中的一个重现特点，并将其命名为“移情”（即患者将生活中对某人的情感转移至医生身上）。

无意识

弗洛伊德认为，每个人都会意识到自己有各种突如其来的想法，而这些想法的真正来源，正是“无意识”。

时间轴

公元150年 古希腊医生盖伦（Galen）发现，有时人们会根据自己意识不到的感知做出判断（如，仅仅几秒的相识后，便“推断出”某个人非常有钱）。

公元250年 古罗马哲学家普洛蒂努斯（Plotinus）提出，只有当我们专注于思想过程时，我们才能意识到它。

公元370年 哲学家圣托马斯·阿奎那（St Thomas Aquinas）将无意识比作幽灵：我们可以感觉到它的存在，但看不到它。

公元1530年 瑞士医生巴拉赛尔苏斯（Paracelsus）称无意识在疾病中发挥了作用。

公元1765年 德国哲学家莱布尼茨（Leibniz）提出在无意识情况下发起动作的可能性及记忆抑制的存在。

公元19世纪 德国哲学家叔本华（Schopenhauer）从无意识过程的角度探讨了人的个性。

公元1868年 德国哲学家卡尔·冯·哈特曼（Karl von Hartmann）出版了其著作《无意识哲学》（*Philosophy of the Uncon-scious*）。

公元1890年 心理学学科的奠基人威廉·冯特和威廉·詹姆斯的心理学研究均基于对无意识过程的假设。

公元1900年 弗洛伊德首次对无意识的过程和动态进行了系统性研究。

20世纪20年代 心理学家否认无意识的存在，专注于可观察的行为及引发行为的刺激。

20世纪70年代 认知心理学家认定心理学研究应只关注意识思维和可观察到的思想。

20世纪90年代 在脑科学发展的黄金十年里，人们对神经科学的理解飞速提高，无意识过程的存在获得了科学和神经学依据。

思维的运作

无意识的信息处理能力约为每秒1100万比特，而意识每秒最多只能处理40比特。也就是说，我们几乎所有的思考都是在无意识情况下进行的。

“在特定时刻，我们大部分的心理生活（包括情感生活）都处于无意识状态。”——神经科学家埃里克·坎德尔（Eric Kandel），2012年

梦境与自由联想

弗洛伊德提出，催眠术可以对无意识进行暗示，但他真正想要探索的是无意识本身，即“未知的已知”。

思维的运作

弗洛伊德是精神决定论的拥护者，他认为我们的思想并非自发，而是由无意识的规则或各种情结（情绪、记忆、感知和愿望的核心模式）决定的。

追根溯源

据弗洛伊德所言，我们的一切想法和行为都有其潜意识根源，可以通过做梦和自由联想的方式进行探索。这样就可以解释为什么我们会经常以自己不喜欢或不赞成的方式行事。

梦可以通向我们被遗忘的儿时记忆，因此……婴儿期失忆症……可以通过对梦境进行分析来克服。从这一角度看，梦的解析可以完成催眠术未能达成的任务。

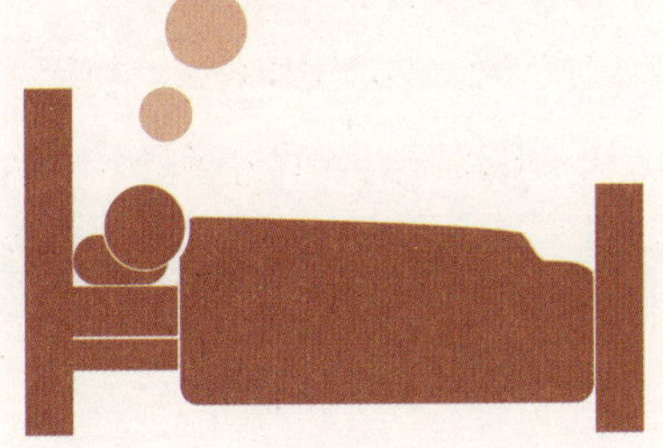

自由联想

自由联想即让患者将自己的全部想法一一分享出来。这些不连贯、不符合逻辑的思绪可以指引弗洛伊德找到问题的潜意识根源，也可以揭示出于道德、自恋、文化或精神信仰等方面产生的大脑阻断。

弗洛伊德式错误（动作倒错）

当我们企图掩饰自己内心的真实想法时，却往往被自己的口误、笔误或行动出卖。弗洛伊德认为这种错误其实是由我们的潜意识引发的，并不是无意或随机的过失。

心理动力学与动力

弗洛伊德认为人的意识由三个互相矛盾的部分组成。这里的“部分”指思维体系，而非生理意义上的大脑结构。

三位一体

本我

原始本能

本我包含性欲、攻击欲和潜意识记忆，是冲动和欲望的起源。它强烈地渴望食物、性和所有的一切，唯一的追求就是自我满足。

自我

基于现实的思考

自我遵循“现实原则”，在本我与超我间进行调解，使我们的行为更加“合理”。

超我

道德良知

超我包含与“正确”行事方式相关的家庭和社会规则，在不同的文化与家庭间有差异，是对本我及其原始渴望的压制。

防御机制

如果自我未能将现实原则强加于本我的欲望之上，且这种欲望在某种程度上是不被接受的，我们就会感到焦虑和不安。为了缓解这种情绪，消除负面想法，我们会启动一种自我防御机制，这一机制是在无意识层面进行的，不受意识的控制。安娜·弗洛伊德（Anna Freud）在其1936年出版的著作《自我与防御机制》（*The Ego and the Mechanisms of Defence*）中对这种防御机制做了详细论述，并提出了多种关键的防御机制形式。

比如，当我们拒绝接受某些事实（如严重的酗酒问题）时，就不知不觉地使用了“否认”这一防御机制。再比如，“压抑”可以抹去我们意识中不被社会接受的感觉或不愉快的记忆。“投射”则是把自己的“坏”情绪投射到他人身上，也就是自己认为怎么样，就觉得别人也是这样想的。

力比多与性心理发展

弗洛伊德认为人的性格形成于儿童时期的某些特殊时期。倘若我们没能妥善把握这些时期，就会在之后的人生中遇到一些困难。

性欲（力比多）

弗洛伊德认为，性欲是所有发展阶段背后的驱动力，是一种依附于本能生理冲动的原始精神能量。起初，弗洛伊德认为力比多只存在于“性兴奋”中。然而，20世纪20年代，他将其存在扩大到了一切由“爱”构成的范畴，如自爱、亲情、友情、博爱和热爱。

性心理发展的五个时期

弗洛伊德将性心理发展划分为如下五个时期，因为这五个时期在不同年龄段带给了人们相应的性心理能量（力比多）。

1. 口腔期

出生至1岁

婴幼儿以浅尝、吮吸等活动获得口唇刺激，从而得到愉悦感。倘若发生固着，成年后个人可能会出现吸烟过度、啃咬指甲或贪食等问题。

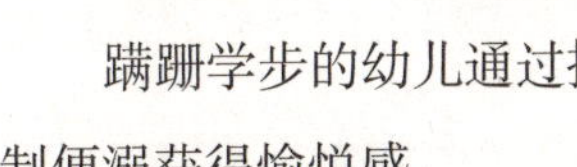

2. 肛门期

1岁至3岁

蹒跚学步的幼儿通过控制便溺获得愉悦感。

倘若在这个阶段发生固着，成年后个人性格会过于死板（肛门固着型人格）或者养成不修边幅、热衷破坏的个性。

3. 性器期

3岁至6岁

儿童从生殖器刺激中获得愉悦感。这个时期的儿童会逐渐意识到两性的差别，并通过经历恋母情结（男孩）或者恋父情结（女孩）逐步识别双亲中与自己性别相同的一方。倘若一切正常发展，儿童能够逐步独立于父母生活；倘若非正常发展，成年后可能会在亲子关系中觉得束手束脚、无能为力。

4. 潜伏期

6岁至青春期

在此时期，儿童的超我在发展，自我在强化而本我暂歇，从而促使儿童培养社交技巧和同辈情谊。倘若发生固着，个人可能会形成不成熟的人生观，并且在成年后建立情感关系时产生障碍。

5. 生殖期

青春期至死亡

在此时期，青少年（和成年人）对于配偶涌现强烈的性趣，并对另一半的福祉十分关心。由于自我和超我已经形成，故而本我的冲动会被社会规范和现实结果拉平。倘若发生固着，个人可能会形成不成熟的人生观，并且在成年后建立情感关系时产生障碍。

爱与恨

精神分析学家梅兰妮·克莱茵（Melanie Klein）和唐纳德·温尼科特（Donald Winnicott）提出，婴儿会感受到巨大、压倒性的情感，而攻克这些情感对他们的健康成长极为关键。

好乳房与坏乳房

克莱茵认为，婴儿既不是一块白板，也不是博爱者，他们会经历仇恨与愤怒，以及本能地对死亡感到强烈的不安。为了应对他们对抚养人（通常是母亲来扮演这个角色）的爱与恨，宝宝会假设出两个妈妈：一个是“好”的（她充满爱意，能悉心照料儿童，并且有一个“好乳房”），另一个是“坏”的（她令人沮丧，有被害妄想，有一个“坏乳房”）。而宝宝会喜欢好妈妈，憎恶坏妈妈。当无法将两个妈妈的形象融合时，他们对人的评价会变得单一，总是出现非黑即白的样板评价。

全能和理想化

克莱茵指出，全能和理想主义能力是婴儿面对好妈妈和坏妈妈时的一种防御机制。他们会无条件地否认不好的经历以制止后续的影响，并放大好的经历以增强感知力来对抗坏妈妈的威胁。

真我和假我

温尼科特表示，如果最初的抚养人能在大部分时间里灵活地响应婴儿的需求，允许全能这种错误观念的存在，宝宝就会发展出真我。如果双亲主动或者被动地忽视甚至伤害宝宝，否认全能的必要性，就会衍生出假我（即为了迎合其抚养人和生存需求的扭曲自我）。

情绪应对

温尼科特认为，帮助婴儿学会应对情绪是抚养人的另一职责。譬如，当婴儿变得极度沮丧或者害怕时，抚养人应允许宝宝把这些情绪投射到他们自己身上，而自己不会感到沮丧或恐惧。他们在吸收了婴儿思想和身体都无法独自承受的忧虑后，会帮助婴儿以更柔和的方式感知情绪，继而让他们意识到情绪是可以控制的。

阿德勒心理学

阿尔弗雷德·阿德勒（Alfred Adler）是个体心理学派的创始人，首次强调了社群和文化对心理健康的重要影响。

促进平等

阿德勒将治疗室里的沙发替换成两把椅子，强调了治疗师与患者之间的平等关系。

人生的三大任务

阿德勒从人的整体角度出发，对处于他们世界中的个体进行探索。他认为人生与性欲无关，而是个体对世界的回应。在一生中，我们共有三项需要他人配合才能完成的任务。

自卑情结

阿德勒认为，自卑情结是我们前进的唯一驱动力，能帮助我们保障社会安全、实现社会意义。童年时期的自卑会导致过度补偿，在寻求安全感和成功的过程中，我们不知不觉地为自己树立了目标，而这一目标的高度取决于我们童年的自卑感（自卑感越深，目标就越高）。

出生顺序

阿德勒提出我们的出生顺序会对性格造成永久的影响。

长子

自出生以来便得到了家长的全部关注，但随着弟弟妹妹的出生，这种关注则不复存在。他们往往沉默寡言，但竞争意识强、具有野心，多为遵循规则的领导者。

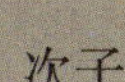

次子

一生都处于与长子的竞争之中，桀骜不驯、勇于挑战权威，在家庭中担任和事佬的角色，是优秀的谈判家。

幼子

往往更为幼稚和娇生惯养，习惯依赖他人、不负责任、喜欢操控别人，也喜欢成为被关注的焦点，具有权利意识。

集体无意识

卡尔·荣格（Carl Jung）被认为是接替弗洛伊德的当然人选，但他对无意识本质的激进想法使其从精神分析学转向分析心理学。

荣格的三位一体

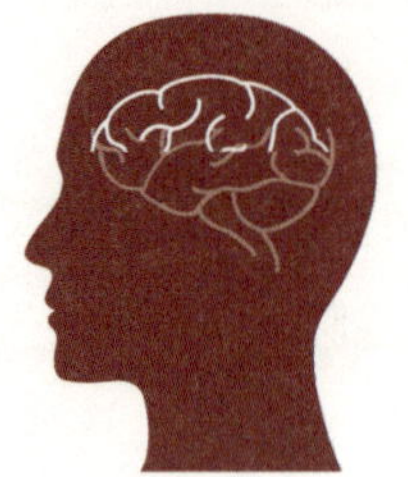

个人无意识

个人无意识包含众多我们无法察觉的过程，如思想、情感、记忆和情结（请参见第82页），同时，它也以我们不曾意识到的方式驱动着我们的行为。荣格认为，个人无意识源于集体无意识与我们个人经历之间的相互作用。

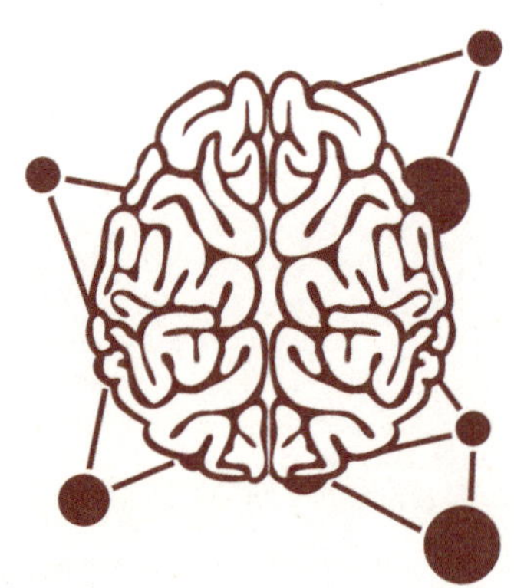

自我

荣格将“自我”（Ego）视为我们的意识所在，但只是“自性”（Self）的一小部分。它包含我们意识到的所有思想、记忆和情感，赋予我们持续的身份认同感，从内到外地将我们生活中的方方面面编织在一起。

集体无意识

集体无意识包含人类进化史上的普遍倾向、共同祖先和文化记忆，在生命之初为我们构建了蓝图。此蓝图描述了不同的人格类型模型，即荣格所说的“原型”（请参见第81页）。

“阿尼玛”与“阿尼姆斯”

荣格认为我们的心灵中都同时存在着女性化和男性化的部分，他称其为“阿尼玛”和“阿尼姆斯”。阿尼姆斯带给我们力量、清晰的思维方式和逻辑能力，而阿尼玛则带给我们创意灵感、同理心和与他人建立关系的能力。当我们需要某些特质时，就会代入相关的部分。不论生理性别如何，这两个无意识部分对每个人而言都是必不可少的，对我们的身心有强烈作用，否认其中任何一个就是抛弃我们自身的一部分。

荣格原型

荣格提出，我们共享的集体无意识意味着我们共享了历史进程中代代相传的信息，预载了祖先的记忆和对人格类型的识别。

通用原型

荣格发现，某些特定的人格类型存在于全世界的任何一种文化之中，不论我们的出生地或成长环境如何，对这些原型都耳熟能详，如智者、魔术师、圣婴和女猎手。它们出现在神话、故事和我们的梦境中，我们可以轻易地从生活中辨认这些原型，因为它们也存在于我们共享的集体无意识中。

国王 / 女王　　魔术师　　圣婴　　女智者

人格面具

我们并不总是显露出自己真实的样子，而这种伪装就是“人格面具”。一个因私事而悲伤的人，在面对工作时可能选择扮演乐天派的人格，但当其回到家中，卸下自己的面具，就会回到抑郁沮丧的状态。

阴影理论

荣格认为，人类的阴暗面与我们的生存息息相关，“阴影理论”就是其中最重要的一部分。它代表了我们人格中的动物本能，可能极具破坏性，就像《化身博士》(*Jekyll and Hyde*)中邪恶的海德先生那样。

心理情结

荣格指出，无意识会对我们的行为方式产生影响，即便我们刻意对其进行压制或忽视，这种影响仍然可能存在。

独立的人格碎片

19世纪70年代，法国神经学家让－马丁·沙可声称他的一些患者正饱受某些想法的困扰，它们相互关联，像寄生虫一般根植在意识深处，却又独立于意识的其他部分，而患者们无确切原因的肢体瘫痪正是这种思想的外在表现。

四分五裂

1898年，皮埃尔·让内（Pierre Janet）提出，这些独立的人格碎片具有很高的情感值，可以独立于人格之外发展。它们可能会突然占据你的大脑，使你失去平日里的自我意识，成为不同的自己。这一人格碎片的自我分裂被称为“解离”，多重人格（DID）就是其中最为严重的表现形式之一。

片段整合

荣格将这些独立的人格片段称为“情结”，它们存在于无意识中，与我们正常的自我格格不入，并且几乎无法被意识控制。荣格认为心理治疗的工作是将这些不同的情结进行整合，而不是拒绝接受并试图抑制它们。

情结的指路牌

情结的起源

荣格提出，任何一种情结都源于创伤或类似的情感冲击，使我们的心理出现了某种程度上的分裂。

幸福与意义

纳粹集中营的幸存者维克多·弗兰克尔（Victor Frankl）说，人类的光明和黑暗面都值得拥抱，因为成就和痛苦都赋予了我们生命的意义。

去人性化

弗兰克尔认为去人性化的表现形式有很多，例如在工作中被当成“人力工作机器”。在工业化国家中，很多人都在遭受这种非人待遇，在伶仃孤苦、单调乏味、嗜物成瘾和含羞忍辱的生活中饱受折磨。

探寻生命的意义

弗兰克尔认为，对精神生活的探求是人性的一部分，它引领着我们去探寻超越自我的生命意义。在自我超越中，我们不断寻找可以为之奉献的目标，不论是宗教、政治还是人生挚爱。在探寻的途中，我们也找到了真正的复原力。

自由意志

自由意志是我们战胜去人性化的武器。与动物或机器不同，我们可以通过人类精神追求自己的梦想、挣脱物质条件的束缚、忠于自己的信念和价值观。无论情况如何，我们永远有选择自己态度的自由。

意义疗法

弗兰克尔是意义疗法的创始人，因为他发现，不论情况多么艰难，他总能找到办法对生活说“是”。

“知生命之意者，可承生命之重。”（弗兰克尔经常引用尼采的这句名言）

存在主义疗法

罗洛·梅（Rollo May）表示，直至20世纪中叶，心理治疗才开始关注个人整体的存在及其经验，而不是只关注某一独立系统的治疗技术。

从整体出发

梅认为，寻求心理治疗帮助的人往往已身陷生活的泥潭。而弗洛伊德和荣格的治疗理念并非在于技巧，而是帮助患者超脱自我。他们的目标不是替患者解决自身复杂的问题，而是为其提供新的视角。以这种方式拓宽自我，生活就会更加多彩。

探寻意义

神话与民间故事都是在为我们无法逃避的混沌生活赋予一些意义。在探寻生命意义的过程中，我们就会对自我、他人以及世界产生新的感悟和体会。

“如何才能提升自我的灵敏度、爱的能力、感受的能力和思考的能力？”——罗洛·梅，1987年

抑郁

梅认为，失业、分手、失眠等我们通常以为的原因并非导致抑郁的真凶，相反，他把抑郁症看作一种丧失生命力的体现。

焦虑

现实与理想的差距决定了我们的焦虑程度。当这种差距过大时，我们就会遭受神经性焦虑症的困扰，失去创造力和前进的动力，而差距过小，我们就会感到无聊、一蹶不振。只有在差距恰到好处时，我们才能自由地探寻更多可能性。没有焦虑和自由，人类精神就失去了原本的价值，生活也会变得毫无意义。

创造力与游戏

英国精神分析学家唐纳德·温尼科特指出，我们可以通过游戏发现真正的自我。在游戏中，我们得以放下一切戒备，自然地涌现出创意。

第三空间

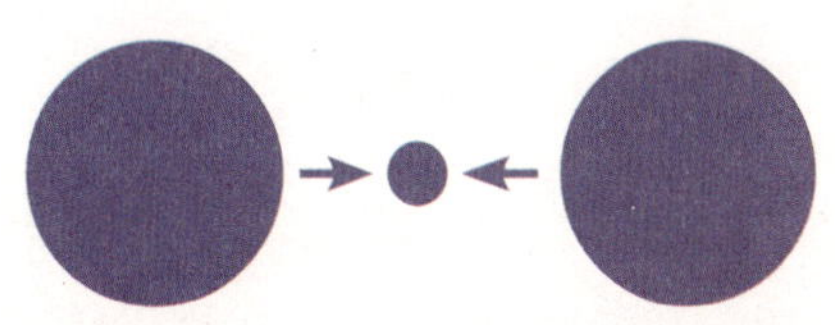

温尼科特认为，游戏发生于我们头脑中富有想象力的内在世界和实体外部世界之间的“第三空间”。由此，扶手椅就变成了船，而地毯是广袤无垠的海洋。这个“第三空间”至关重要，因为它既不像思想一般完全处于我们的控制范围内，也不像外部世界那样完全超出我们的控制。在游戏过程中，我们可以对外部世界进行重塑、无须顺从，也没有太多焦虑（当然，如果焦虑感过于强烈，我们会终止游戏）。

游戏 VS 生产力

作为一个好员工，我们需要达成公司给出的既定标准，在工作中始终如一、言之有理、实现目标。这种顺从与执行带来的压力往往阻碍了我们对内心世界的探寻，而内心世界对游戏和创造力而言是至关重要的（这就是为什么谷歌这样的公司会鼓励自己的员工在工作中“玩”起来）。

创新状态

温尼科特认为，玩游戏可以让我们体验到一种无目的、无导向的心态，感受到开放、放松和信任。这种无须自我保护或实现既定目标的状态能够催生自由联想——我们主动地产生联想，进而给出自己的原创观点。

游戏疗法

游戏疗法常用于对儿童的心理治疗。通过与玩具的互动，孩子们可以对自我的负面情绪进行探索。游戏的象征性为儿童提供了一种描述情景、表达感情的安全方式。

后现代精神分析

法国精神分析学家雅克·拉康（Jacques Lacan）认为任何与自性、真理相关的固化理念都毫无意义，我们的意识与无意识是语言和意识形态结构的产物。

不存在的自我意识

拉康认为，“我”永远不等于自我意识，因为我们所体验的“我”其实是一种误认。在婴儿时期，我们会对自己的主要抚养人产生认同，在他们身上看到自己的镜像，构建自我或“我”的概念。这是一种功能性的心理表征，而在此之前，我们视自己为零散的冲动和欲望。在镜像阶段，我们建立出一个清晰的自我，但也从根本上依赖于他者（“非我”者）。

理想自我

拉康认为，婴儿会意识到自己无法达到镜像阶段的自我期待。因为理想的“我”是依照他人构建的，不可能完全符合我们内心所经历的自己。由此，我们会感到沮丧和愤怒，并长期对自己感到失望，继而产生嫉妒、不安和敌意。当“我”建立在他人的基础上时，“我”就永远不可能成为完整的自己，所以“我”将永远作为一个无法实现的理想。

语言与自我

事实上，我们对自我的认知皆源于自我以外的世界。“我”以他者为基础，我们的世界观也是由他人塑造的。“他们”以语言的形式向我们描述这个世界，塑造我们对世界的看法，而语言先于我们存在。我们对现实世界的感知依赖于三大心灵领域：实在界（在语言之前所经历的世界）、想象界（幻想，如理想自我）和象征界（语言和社会规则）。

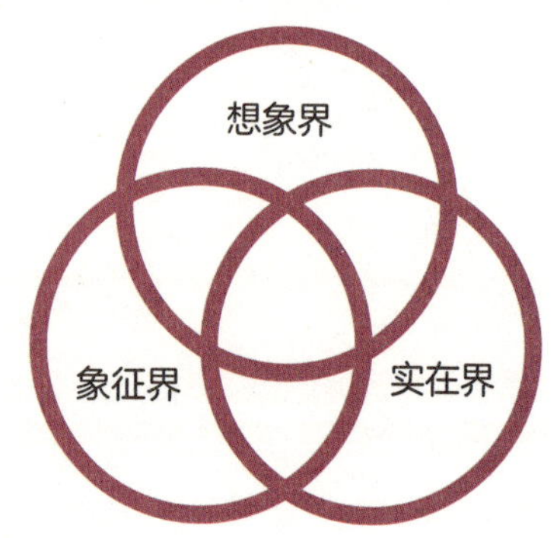

精神疾病的迷思

匈牙利裔美国精神病医生托马斯·萨斯（Thomas Szasz）发起了一项被称为“反精神病学”的运动，该运动否认了“精神疾病”这一概念的有效性。

“精神疾病”只是一个概念

萨斯认为精神疾病只是一个理论概念，并不是客观真理、事实或是具象的物体，而我们将某些行为归咎于精神疾病的做法，与人们苛责女巫造成了庄稼歉收如出一辙。

脑部疾病?

某些“精神疾病”确实是脑部疾病，例如神经性梅毒，但总有人认为所有精神疾病都是由脑部疾病或缺陷引起的，并将药物（如抗抑郁药）视为唯一解决途径。虽然我们可以将视觉缺陷的成因归结为神经系统病变，但无法顺藤摸瓜地找出某人的蜘蛛恐惧症的成因。

价值判断

萨斯指出，当我们说“某现象是一种心理症状”时，我们就是在进行判断。如果一个人说他正受警方迫害，但旁观者认为并不属实，那么这种“迫害”就只是精神症状。医生会将患者的“症状”与其所处社会环境下的思想、概念、习俗和信仰做比较，因此，“精神症状”与社会和道德环境密不可分。

人格缺陷?

另一种观点是视精神疾病为某种人格缺陷。这一观点将和谐社会视为常态，并认为人格缺陷是导致精神疾病的原因（但很明显，它不可能既是原因又是结果）。

沟通分析疗法

加拿大裔美国精神分析学家埃里克·伯恩（Eric Berne）构建了一种理解人际沟通的方法，该方法阐明了我们彼此不同的生活方式以及与他人交往的方式。

自我状态

伯恩认为我们的心理功能和社会行为与生命发展的特定心理状态有关。这种特定的状态即“自我状态”，伯恩将其描述为“激发某种行为模式的情感系统”。我们在不同情境下的表现会略有不同，言行举止会根据周遭的人群和环境产生变化。这都是由于我们在不同的自我状态之间切换。

父母、成人、儿童

伯恩将自我分为三种状态：父母、成人和儿童。例如，当一个人处于父母自我状态，他与伴侣对话时会变得声色俱厉。而当这个人与朋友讨论木工问题时，会切换至成人状态，并采用实事求是的口吻。当他处于儿童状态时，会带着轻蔑的微笑，招摇地背对领导者，嘲笑同伴对心理治疗师的忠诚。

基于现实

伯恩指出，我们的自我状态来自现实生活。父母状态反映了我们生活中不同的权威人物；成人状态反映了我们与地位、学识相当的人进行沟通时的场景，而儿童状态反映了我们作为儿童时的思想和行为方式。

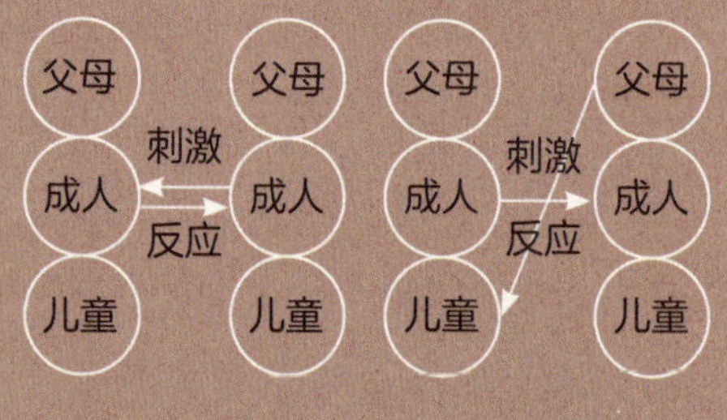

直接沟通

以同样的自我状态与对方沟通，且没有遭遇任何问题。如，父母－父母（双方都具有责任感）；成人－成人（双方都很理性）；儿童－儿童（双方都在开玩笑）。

交叉沟通

沟通双方处于不同的自我状态，如：一个人说“我们看看这个书架哪里出了问题”，而另一个人却说“你总是批评我”。

社会心理学

社会心理学研究什么

社会心理学研究我们如何与他人互动以及理解他人。

社会互动

我们与他人的互动方式多种多样：在日常琐事里、在社交媒体上、在特定的角色关系下，如老师－学生或老板－雇员，以及在与家人、朋友的亲密关系中，每一种互动类型都有其特有的乡规民约和社会假设。在社会中成长的我们必须学习这些约定俗成的规则，才能充分地参与到社会生活中。

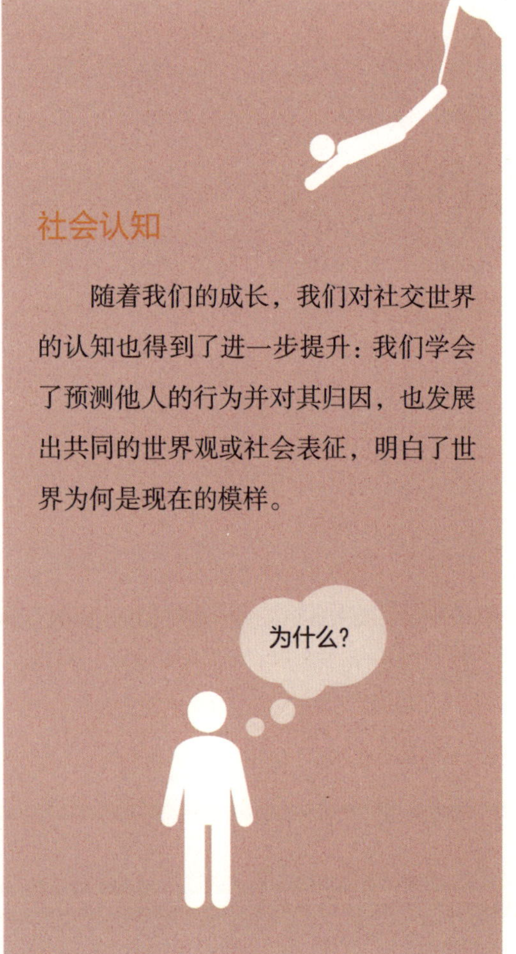

社会认知

随着我们的成长，我们对社交世界的认知也得到了进一步提升：我们学会了预测他人的行为并对其归因，也发展出共同的世界观或社会表征，明白了世界为何是现在的模样。

为什么？

社会群体

社会群体的归属感于人类而言至关重要，它影响着我们生活中的方方面面。以“他者与我们”的视角诠释世界是人类与生俱来的本能。我们每个人都属于多个不同的社会群体，在不同场景下，对“他者与我们”的划分也会有区别。这种观念并不会直接引发冲突，但可能会被别有用心的人加以利用。

非语言沟通

我们时时刻刻都在没有言语的情况下沟通交流。

肢体语言

肢体语言包括姿势、眼神、手势和面部表情。我们用肢体语言传达自己的感受，表达对眼前发生事情的看法以及我们的意图。

身体姿态

“姿态”一词最初是指我们摆出来的身体姿势，但现在这个词的词意已经变化了，因为我们的身体“姿态”会暴露我们的想法和感受。

眼神

眼神是一个强有力的信号。我们可以用眼神来表示对某事的共鸣，在对话时也能用它表示发言权的转换，或是用眼神表达威胁、流露爱意。

手势

每种文化都有其独特的手势语言。我们可以用手势表示同意与否、邀请、拒绝或请求，甚至可以传递出“我认为你疯了”这种信息。

面部表情

某些基本的面部表情是全人类所共用的，比如微笑、厌恶、惊喜、幸福、恐惧和愤怒。但是在某些文化中，用面部表情交流是不礼貌的。

常见威胁?

长时间的凝视对动物和人类来说都是一种威胁姿势：从进化的角度来看，注意力集中在某物上可能代表着正在蓄谋的攻击。

符号沟通

有时，我们会使用一些不太直接的非语言交流形式进行沟通。

着装

我们的着装是对自己的一种定义——这一身衣服不单单是选择喜好而已，还承载着文化背景、所处地域气候以及自身工作属性这类信息。着装打扮会影响我们与他人互动的方式。就像是在日常对话时，人们对身着制服的人“敬而远之”，而对日常休闲打扮的人则会“比肩而立”。

仪式

仪式也是非语言交流的一个重要方面。人们借助仪式来传递社会归属感和共识，在每个人类社会中都能找到仪式的踪影。仪式涵盖的面很广，上至国葬这样的社会事件，下达婚姻这类宗教或文化事件，甚至小到家风家训和社群成员之间的约定俗成，如在特定家庭节日中的传统活动。

明确的符号

带有既定意义的符号也可以参与交流活动。例如交通信号灯，它将特定的指令传递给司机，熟悉这些带有特定含义的交通信号正是司机学习驾驶过程的一部分。表情符号（以及颜文字）利用简单的图像传达特定的信息，已成为一种被广泛利用的符号通信形式。

语言沟通

语言是我们最有效的沟通方式。

情感词汇

字词所传达的意义可比词典对它们的定义丰富得多。某些字词会唤起我们情绪上的共鸣，而另一些则自带政治色彩或社会评判。例如，我们可以用“政府”或“政权”来描述统治机构，这两个词就暗含了我们对这个机构的社会认可和社会责任的判断。有时，我们并不会注意到这类情感词汇的存在，但它们的确会对我们理解所听到的事物造成影响。

辅助语言

对话中，我们不仅使用语言沟通，也用到了辅助语言。和语调高低一样，“呃”或“嗯”这样的声音或意外的停顿都是叙述的一部分。辅助语言对于交流非常重要，因此，我们在写作时必须使用标点符号和强调语气才能代替口语中的辅助语言。

对话分析

分析对话也能得出相似的结论，通过对话传递的信息远比字面意思多得多。对话中停顿的频率或交流的时机，都可以揭示心理或社会层面的潜在情绪。

话语交际

谈论事物可以重塑我们的经历，对话可以改变态度和观念。话语分析关注的是我们构建经验的方式和话语本身的功能，例如人际交往、社会交际或是政治对话。

归因

归因是我们对事情发生原因做出的推论。

归因的类别

归因可以是：

- 整体的或特定的——适用于大多数情况或仅在特定情况下生效。
- 可控的或不可控的——无论它是否受影响。
- 性格归因或情境归因——因与生俱来的个性而各有不同，或因当下情况而异。
- 稳定的或不稳定的——可能会再次发生，或仅仅是昙花一现。

基本归因偏差

我们对自己的行为进行情境归因，但对他人的行为进行性格归因。打个比方：如果我把自己的汽车刮了，是因为周围还有其他车，这导致我无法顺畅驾驶；如果我朋友刮坏了他的车，那是因为他是个冒失鬼。这就是一个难以置信却十分常见的归因错误。

自利偏差

我们会对自己进行归因，以证明我们的行为是正确的，并帮助我们感觉良好。

归因风格

情绪低落的人通常会进行整体、稳定且不可控的归因，例如，“这种事无处不在，且一成不变，对此你无能为力”。但是，有些人的归因是不稳定、特定且可控的，而这种归因模式与积极的心理健康密切相关。归因疗法的重点是帮助沮丧的人培养出更积极的归因风格。

社会脚本

我们从他人身上学习来的并非独立的行为，而是一整套行为模式。

脚本

社会脚本是关于被普遍认可的社交行为的隐含假设。这些脚本描述了在不同情况下的行为模式，从而指导我们该采取怎样的行动。在社会脚本中，上下班途中的你与参加朋友聚会的你，被预期的行为表现有着天壤之别。

无意识假设

社会脚本已被我们自己内化，通常来说，我们根本不会注意到它的存在——若有人破坏了潜规则，脚本才会立即引起注意。通勤路上大声说笑的人会招致他人的斥责；餐馆里，在正餐前点甜点的人也会被当作怪人。

注意力

社会脚本还可以左右我们将注意力置于何物。两组实验志愿者被要求观看一段房屋的视频，但他们会分别以“窃贼”脚本和“购房者”脚本去观看。由于代入脚本不同，两组志愿者记住的视频细节也截然相反。

媒体作用

我们一生都在持续学习社会脚本，而媒体刚好在解释社交行为规范，这对我们的学习有巨大影响。但同时，媒体也会着重突出暴力、负面的社会脚本，这些脚本对人们日常生活中的互动亦有深刻影响。

社会表征

社会表征是某文化或社会群体持有的共同阐述。

共有的社会信仰

社会表征理论是由塞奇·莫斯科维奇（Serge Moscovici）提出的，他向我们解释了为何不同文化、社会和集体所拥有的共同信念对我们产生的影响远比自身经验对我们的影响要强得多。

日常解释

地球是平的

社会表征解释了生活为何如此，事件为何发生。社会表征证实了社会行为，并帮助我们理解我们的社交世界。它们涵盖的范围各不相同，大到意识形态信仰，小到个别群体的设想和观点合集，不一而足。

易于操控

社会表征通常是由政府操纵的，历史上也有许多利用社会表征导致邻里相争的例子。

社会表征的结构

社会表征往往具有一个核心，这个核心的变化是极其缓慢的。同时，社会表征还具有其他外围因素，这些因素会随着不同的社会环境或设想发生改变。

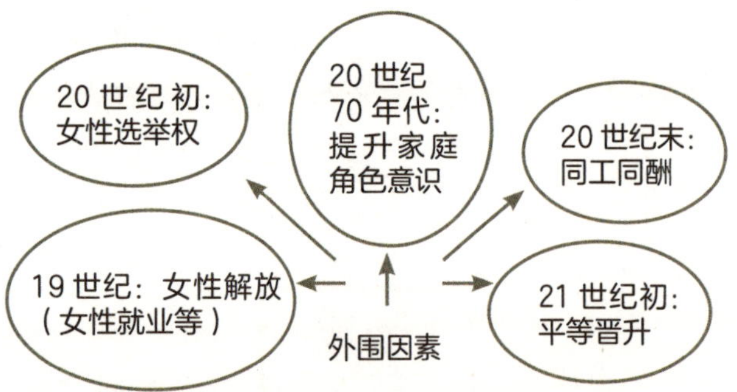

共享的社会表征

社会表征通常会被物化，在人群中传递，也就是把特定的物体或事件关联在一起，例如一些人将转基因食品称为“怪物食物”。它们也可以被个性化并与特定的人产生联系，例如英国经济政策一词仍指的是“撒切尔主义”。

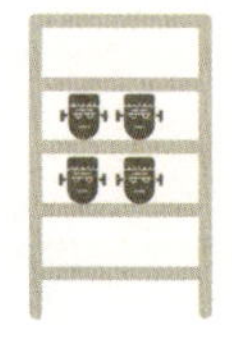

态度

态度是一种心理定势，影响着我们对群体、个人或事件类型的看法。

态度的维度

从传统角度来看，态度主要有三个维度：

- 认知层面——对态度对象的观点和文饰。
- 情感层面——对态度对象的情感体验和回应。
- 行为层面——对态度对象行为的准备状态。

态度与行为

事实上，我们并不总是按照态度行事。研究表明，对某个特定社会群体表现出偏见的人在与该群体中的某个特定个体会面时通常会表现得彬彬有礼。

态度的衡量

李克特量表（The Likert scale）是时下常见的态度测量工具。该量表为每个问题提供了7个或5个不同的程度选项，每题都以陈述的方式表达一种态度，答题者选择与自己态度相符的选项。

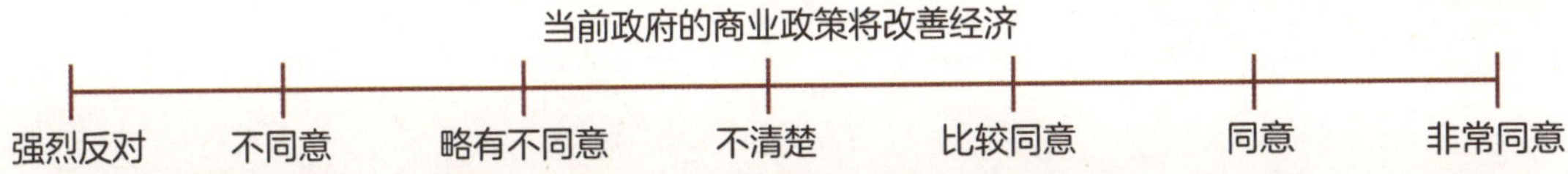

态度的作用

通常来说，态度的主要意义有以下四点：

- 知识——为我们的经历赋予意义或进行解释。
- 融入——使我们更能为社会所接受。
- 价值表达——让我们得以表达自己的“内在自我”。
- 自我防御——保护我们不因认清无意识的真相而受到伤害。

改变态度

我们的态度并非一成不变的，而是随着我们生活的改变而改变。

少数群体的影响

莫斯科维奇的研究证明了少数群体持续努力确实可以改变人们的态度，大多数历史性的变化，如废除童工，都是由少数群体坚定且持续的努力推动的。

认知失调

利昂·费斯廷格（Leon Festinger）提出，我们在试图坚持自己的态度，但当我们意识到自己的某种态度或信仰与另一种相悖，就会产生内心冲突，不得不放弃其中之一。

说服他人改变态度

说服他人是广告业的专长，它包含四个要素：

- 信息来源——需可信、可靠。广告业的常见做法是请明星做代言。
- 信息——感人或幽默的信息更具影响力。但奇怪的是，意在引发高度恐惧的信息却没有相对温和的信息有力。
- 信息接收者——有些人天生更容易被说服。此外，我们也更容易被符合我们自我价值体系的观点说服。
- 环境——音乐、色彩、背景，或众所周知的象征符号都会影响我们对广告的反应。

偏见与歧视

偏见是一种顽固的预设性态度，通常是负面且带有敌意的。

权威人格

权威人格是对于偏见的一种早期解释。这是一种极度僵化、狭隘的人格类型，对少数群体、规则破坏者或反对权威的个体怀有敌意。这一人格特征源于童年时期遭受的恶性惩戒，这种压抑已久的愤怒转变成了对“社会异类”的仇恨。

替罪羊理论

也有解释认为，偏见源于人们对困难、失业或其他社会问题的错误归因。由此，少数群体就成了经济体系的替罪羊。

偏见与刻板印象

“他者与我们”的视角往往导致我们将其他群体定性为同质：即“我们都是不同的，他们都是一模一样的”。个人的负面行为会被认为是该群体的典型行为。增加群体中的个人来往可以打破这种刻板印象，也是减少偏见的有效方法之一。

文化背景

社会偏见受社会表征影响，当下人们的普遍共识会增强或减轻这一现象，例如，随着社会表征的改变，种族主义的问题得到了明显好转。

攻击行为

很多理论都对攻击行为做出了解释。

生物需要

康拉德·洛伦茨认为，攻击行为是一种通过冲突或运动来满足的生理必然性。在20世纪30年代，这一理论被用来解释战争，但现在已被推翻。

人格特质

一些研究表明，有些罪犯比常人多一条Y染色体，这似乎是他们更具攻击性的原因。但后来的研究发现，拥有XYY型染色体的男性并没有比其他人更具攻击性。

生理失衡

很多人在饥饿或痛苦的情况下会更具有攻击性，就像我们所说的“狗急跳墙”一样。像糖尿病患者这类生理紊乱的人，在血糖值失衡时也会变得具有攻击性。

挫败感

挫败—攻击理论认为，攻击行为是由于人们无法实现个人目标而产生的。路怒症就是一个典型的例子。

社会学习

许多攻击性行为来自社会学习，比如电视、电影和游戏中出现的社会脚本，或以暴力方式解决社会问题的社会表征。

政治宣传

战争社会心理学研究表明，政治宣传在制造国际间的人身攻击中发挥出了极大作用，它将个人威胁的社会表征最大化了。

国家需要你们！

群体间冲突

穆扎弗·谢里夫（Muzafer Sherif）的实验显示，通过奖惩制度和对稀缺资源的操控，我们可以增强或减少两个群体间的敌意。

社会认同

英国社会心理学家亨利·塔杰菲尔（Henri Tajfel）展示了我们是如何自动地将世界划分为“他者与我们”。

社会认同理论

社会认同包含三个基本的心理过程：

· 社会分类
· 社会比较
· 自尊

社会分类

分类是人类感知中的固有部分。我们会对所有遇见的事物（狗、家具、交通工具等）和人（男人、商店店员、宝马司机等）进行分类。我们每个人都属于多个社会范畴，同时具有多个社会身份。

社会比较

一旦我们意识到不同的社会分类，就会自动地将自己与他人所在的群体进行对比以理解对方的分类标准。

社会创造力

如果我们无法从群体中获得自尊，则有两个选择：要么与群体保持距离（“我不太喜欢他们”），要么就努力改变群体的地位。通过诸如残奥会一类的社会创造性策略，残障人士得以走进大众视野，赢得更多尊重，这就是所说的社会创造力。

自尊

社会比较使我们因自己的群体产生积极的自尊。同时，这也意味着当我们的群体受到诽谤时，我们会勇敢地捍卫它。

社会角色：斯坦福监狱实验

菲利普·津巴多（Philip Zimbardo）的经典研究证明了我们对社会角色要求的一切深信不疑。

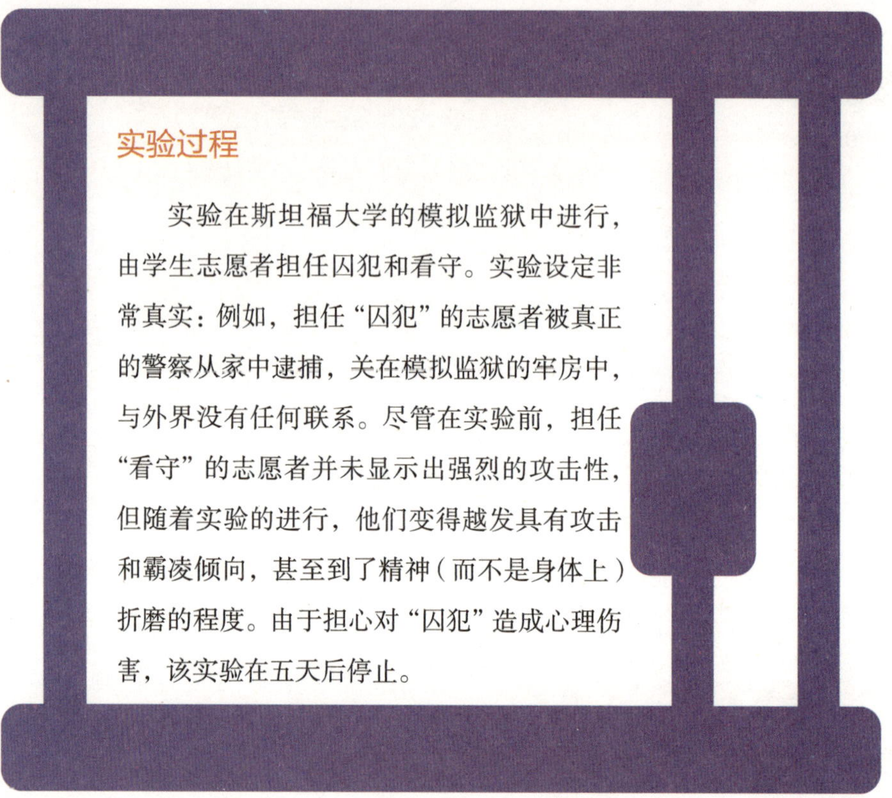

实验过程

实验在斯坦福大学的模拟监狱中进行，由学生志愿者担任囚犯和看守。实验设定非常真实：例如，担任“囚犯”的志愿者被真正的警察从家中逮捕，关在模拟监狱的牢房中，与外界没有任何联系。尽管在实验前，担任“看守”的志愿者并未显示出强烈的攻击性，但随着实验的进行，他们变得越发具有攻击和霸凌倾向，甚至到了精神（而不是身体上）折磨的程度。由于担心对“囚犯”造成心理伤害，该实验在五天后停止。

实验结论

该研究证明了社会角色的巨大影响。志愿者的行为源于他们对“看守”这一社会角色的理解，但由于他们的理解主要来自电影和小说，因此他们的行为可能比现实情况更加极端。

实验复评

后期对此实验的评估认为，“看守”的极端行为实则是受实验者自身的假设与预期暗示，但不论如何，这一实验对角色意识的有力论证是毋庸置疑的。

旁观者效应

路见不平时，我们会如何行动？

冷漠的旁观者

20世纪70年代的研究涉及各种实验情境，比如，候诊室中的人会听到一声巨响和隔壁房间里的大声呼救。结果表明，大部分候诊室的人都会忽略这些信号。这一结果使人联想到报纸上报道的冷漠的旁观者，并暗示这种无视是司空见惯的。

如果我帮助了别人，自己会受伤吗？

旁观者干预

后来的研究表明，有时我们也会对需要帮助的人伸出援手，而这与责任分散有关：旁观人数越多，干预行为出现的可能性就越小。同时，人们也会对提供帮助可能带来的后果进行判断。

利他主义与亲社会行为

然而，随着研究越发深入，我们发现其实旁观者更倾向于帮助处于困境中的人，而不是忽略他们，即使这个困境很明显是由个人原因导致的（比如醉酒）人们也会提供帮助。在实际生活中进行观测时，心理学家发现旁观者的表现就不像媒体报道或是先前的实验结果那样冷漠，而是展现出更多善良的人性关怀。

他者的在场

我们的言行受他人在场的影响。

相互作用

早在1898年，诺曼·特里普利特（Norman Triplett）就发现，如果与其他人一起转动鱼线轮，孩子转动的频率会比独自转动时更快。他一开始将其解释为竞争行为，但后来研究人员发现，即使向参与者明确表示不要相互竞争，他们转动鱼线轮的频率也会比独自一人时更快。看样子，只是与他人一起做同样的事情（相互作用）就足以激发更积极、快速的行为。

观众效应

后续研究人员对这些效应进行了更详细的研究。研究发现，人们在有"观众"注视的情况下可以更快速地执行任务，但同时也会犯更多的错误。他者的在场会让人在做事情时更有活力，但并不总是积极主动的。

研究表明：

· 观众的数量与其影响力成正比。

· 观众的社会地位与其影响力成正比。

· 独自表演比在集体中表演产生的观众效应更强。

· 人们在感觉自己正在被评估、打分时，观众效应是最强烈的。

社会惰化

有时，身处人群中能让我们的行动更有活力，但有时也会产生相反的效果。有些人在集体中付出的努力比别人更少——这种现象被称为"社会惰化"。

服从

斯坦利·米尔格拉姆（Stanley Milgram）的经典研究表明，即使是普通人，也有可能作出极端行为。

实验过程

米尔格拉姆以“学习实验”为由招募了许多想要扮演“老师”或“学生”的志愿者。“老师”需要读出单词表上的词，而在另一个房间中的“学生”则要重复这些单词。如果“学生”读错了，“老师”就必须通过按钮给他们惩罚性的电击，且电击的强度会随犯错次数的增加而增强。但“老师”并不知道电击是假的，隔壁房间的“学生”是实验人员假扮的，“学生”对电击做出的反应也是用录音机播放出来的音效。

实验结果

“学生”故意犯了几个错误，并随着（假）电击的增强而放声大叫，称自己心脏虚弱，要求结束实验。尽管“老师”恳求停止实验，但实验员表示不能终止实验。在300伏电压下，“学生”沉默不语，但是实验者坚称“沉默”也是一个错误的答案，“老师”应该继续加大电击强度。即便意识到自己可能杀死了“学生”，还是有超过半数的“老师”坚持把实验完成，即把电击强度加大至450伏。

实验结论

“杀手”的数量之多震惊了大多数专业人士。该研究表明了大部分人对权威的服从，他们认为这样做是正确的。

从众

多数时间里，我们更愿与人和睦相处，而非提出不同意见。

阿希从众实验

1951年，所罗门·阿希（Solomon Asch）发表了一系列研究，这些研究表明人们有时会为了避免公开与他人产生分歧，而从众地说一些自己明知是错误的事情。阿希将被试分为六人一组，向他们展示了画有不同长度的卡片，并让他们选出与标准直线长度最为相近的卡片。每组内有五名实验助手，他们一致给出了明显错误的答案，而76%的被试至少一次给出了与助手相同的答案。但如果被试不必大声说出自己的答案，而是写在纸上，那么没有一个人的答案与助手相同。

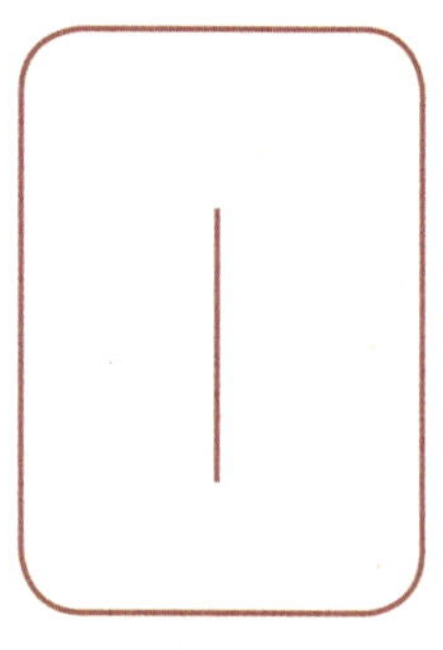

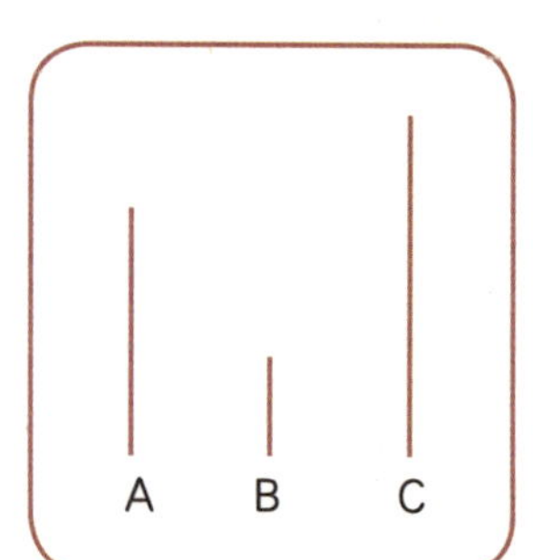

标准线

生理反应

阿希实验中的被试在实验期间表现出了极强的焦虑。后来的研究表明，当我们与众人意见相悖时，会产生压力。这是一种生理反应，是我们作为社会动物进化而产生的机制。

催眠术

催眠术证明了我们强烈顺从他人的倾向。有些人无法被催眠，但也有些人是典型的“耳根软”，容易被影响。他们甚至会惊讶于自己对催眠师的过分顺从。舞台催眠师非常善于从观众中挑选出容易被催眠的人。

对人知觉

有一些因素会影响我们对他人的看法。

第一印象

第一印象给我们带来的影响往往比后续接触所获得的信息更大。首因效应可能基于非常表面的印象（如着装、面部表情等），但这些印象会影响我们对他人人格和性格的判断，甚至可能影响对他人就业能力或罪责等重要方面的判断。

晕轮效应

有时，对于与某些积极的事件或经历相关的人，我们会给出比实际情况更积极的评价。这被称为晕轮效应。

内隐人格理论

即便是像工作内容这类再渺小不过的信息也可能触发我们对他人心理和行为的假设及推断。对内隐人格理论进行的综合分析划分了它的两个重要维度：心智能力（如“聪颖”或是“平凡”）和社交能力（如“友好”或是“易怒”）。但这一研究结果很可能受其实验时期（20世纪60年代）及样本选择（美国学生）的影响。

刻板印象

我们天生就有对信息分类的倾向，对人也是。刻板印象也会强调群体的相似之处，导致我们对个体差异视而不见。如果我们产生了某些人天生就优于他人的想法，那这的确是个麻烦。

社会自我

他人的意见会影响我们的自我认知，且这种影响往往比我们意识到的还要大。

自我概念

西方学界对自我的理解倾向于强调与他者分离的个体概念，但在其他很多文化中，自我是无法脱离其社会环境的概念，我们周遭的世界也在塑造着我们。

皮格马利翁效应

即使在西方文化中，社会也会对自我概念产生影响。研究表明，社会认可度的提升可以改变我们的自我认知及社交方式。这就是所谓的皮格马利翁效应：我们会根据他人的行为或态度塑造自己。

自尊

自尊是自我概念中的评估部分，代表了我们对自己的判断。这一判断通常是将自我与个人的行为标准进行比较，即与理想自我间的差距。然而，由于理想自我具有不切实际的高标准，所以我们会常常感到挫败，进而产生情绪问题。

自我意象

自我意象是自我概念中的描述部分，（通常）是符合现实的。在拥有内部自我意象的同时，我们也将社会意象投射给其他人，这种社会意象可能会反映出我们真实的自我意象，也可能不会。

发展心理学

发展心理学研究什么

发展心理学探讨了我们如何随时间的流逝而变化和发展。

婴儿发展阶段

对婴儿的研究结果表明，我们一出生就具有极强的社交能力：易于与他人互动，主动向他人学习。为了加深对世界的理解，婴儿会学着协同各肌肉一起做出有意识的动作，探索周围的实体世界，并与监护人或其他人互动。

儿童发展阶段

儿童心理学探索了儿童如何通过玩耍、家庭互动以及长辈的关爱和教导来发展他们的技能、心智和社交能力。早年的心理学家倾向于用发展阶段理论解释一切。但近年来，心理学家一直关注于孩子与世界互动的社会和认知过程，这些过程让儿童的身心得到了发展。

毕生发展

人的发展不会在我们成年后就戛然而止。我们的一生都在不断地成长和变化，发展心理学研究包括人从婴儿期到老年期发生的变化。毕生发展心理学关注的是随着年龄的增长，我们的社会背景、交互影响和社会复杂性的变化，以及我们如何在生活中积极主动。

先天与后天

20世纪上半叶，关于先天因素和后天环境二者谁更重要的讨论如火如荼。

“先天论”的观点

“首先，了解你孩子的个性。其次，要明白除了从你身上继承到的部分，你无法从根本上改变或重塑孩子的个性。”

——格塞尔（A. Gesell），1929年

“后天论”的观点

“给我十二个健康的婴儿，让我以自己的方式抚养他们长大。不管他们的才华、兴趣、脾气、能力、天赋以及血统如何，我可以随机把他们训练成任何一种职业的专家，可以是医生、律师，或者艺术家。”

——约翰·华生，1930年

非此即彼的选择?

上述观点代表了两种对个人发展的极端看法，这一论题在20世纪早期非常流行。实际上，即使科学家已经意识到了讨论先天或后天哪一个更重要是十分愚蠢的行为，但这种辩论仍然持续了很久。唐纳德·赫布的“卵细胞”类比很好地总结了这一现实问题：如果没有遗传基因，卵细胞就不会存在，而如果没有发育环境，卵细胞就会死亡。两者对于卵细胞的发育都同等重要。

关于依恋的早期理论

发展心理学探讨了我们如何随时间的流逝而变化和发展。

先天论者的观点

某些对幼兽的印刻研究表明，亲子间的纽带早已在未出生时就刻在基因里了。这些幼小的动物自诞生伊始就可以活动，会关注自己遇到的第一个大型生物并紧随其后。持先天论的心理学家认为，人类婴儿与母亲之间的联系就是通过与之类似的基因编程而来。

行为主义心理学的观点

另一方面，行为主义心理学家认为，依恋是通过奖励（尤其是哺育）习得的，正如巴甫洛夫的狗与铃声的关系一样，婴儿学会了把母亲与食物联系在一起，这种反射就是依恋建立的原因。

哈洛的猴子

1959年，哈里·哈洛发布了一项关于在隔离环境中饲养的幼猴的研究。研究者设置了两种“替身妈妈”的模型：一种由裸露的铁丝制成，另一种则在铁丝外包裹了绒布。尽管幼猴能在“铁丝妈妈”身上的奶瓶中得到奶水，但大多时间里，小猴还是攀附在“绒布妈妈”身上。如果受到惊吓，幼猴们会跑到“绒布妈妈”那边。哈洛的实验表明，依恋不仅仅与喂食有关。

婴儿社交

人类婴儿从出生起就具有社交能力。

社会互动

20世纪60年代，鲁道夫·谢弗（Rudolph Schaffer）及其同事对婴儿与家庭的动物行为学研究表明，人类的依恋并非源于印刻，而是与社会互动有关。从出生起，婴儿就能对社会互动做出回应，这形成了以后亲子间依恋关系的基础。

反应敏感

一项重要的发现表明，即使是刚出生几天的人类婴儿，也可以与多个人形成依恋，而这种依恋关系形成的关键就是“反应敏感”，即成人是否对婴儿发出的信号敏感，以及是否能做出适当的反应。

沟通

婴儿的社交能力表现在成人和婴儿之间的交流。婴儿会微笑、咯咯笑，并表达自己的情绪，而成人则对此做出回应。此外，我们这种与生俱来的社交能力还有另外一种表现：婴儿做鬼脸或大吵大闹的时机与我们话轮转换的时机几乎同步。

交流

婴儿非常喜欢重复性的游戏，例如“藏猫猫”或者“把玩具从婴儿床里丢出去，这样爸爸就得捡起来”。通过这种游戏，婴儿会对事物的相依度有进一步了解，发现自己的行为可以产生相应的效果。这种学习可以帮助婴儿培养自己的动因意识，明白自己可以以影响他人的方式达成目的。

母爱剥夺

20世纪中叶，人们对依恋的讨论被赋予了强烈的政治色彩。

政治争辩

20世纪50年代，社会在发生变化，青少年的社会参与度逐渐提升，长辈们则抱怨这些孩子缺少管教。在这种情况下，精神病学家约翰·鲍比（John Bowlby）提出了一种精神分析理论，即少年犯罪是由幼年时的母爱剥夺引起的，这种剥夺会对人造成永久性伤害。这一理论很快就上升为一场政治争辩，因为战后的回乡军人需要工作，而鲍比的这一理论将职场中的母亲置于危害社会的潜在因素列表中。

重估母爱剥夺

迈克尔·路特（Michael Rutter）对鲍比的理论提出了质疑。他认为，造成青少年犯罪的因素还有很多，包括：

· 对身心照顾的疏忽；

· 缺乏正向的亲密关系（不仅是与母亲）；

· 教育机会的普遍缺乏（在战后年代，这是很常见的）。

因此，路特提出，将青少年犯罪单纯归咎于母婴关系的缺失是不合理的。

创伤修复

其他研究人员还发现，通过与养父母建立亲密关系，青少年可以克服因早期母爱缺失造成的心理创伤。在同一时期，临床心理学家卡尔·罗杰斯（Carl Rogers）指出，即使是成年人也可以通过建立包含无条件积极关怀的亲密关系来克服这种创伤。

依恋

有些亲密关系可以带给我们更多的安全感。

婴儿的依恋

在出生后的几天内，婴儿就可以与他人建立关系。但一段完整的依恋关系则需要更长的时间，通常在七个月左右。一旦这种依恋关系形成，婴儿就会在与其产生了情感连接的人离开时哭泣或感到痛苦。

陌生情境实验

在这一实验中，玛丽·安斯沃斯（Mary Ainsworth）将婴儿与母亲分离，并置于有陌生人在场的陌生情境中，以观察婴儿对分离的反应和对陌生情境的探索。

依恋类型

玛丽发现了三种主要的依恋类型：

- 安全型依恋——这类孩子能够对陌生情境进行自由地探索并与陌生人互动。当其监护人离开时，他们显得很不安；当监护人回来时，他们表现得很开心；
- 回避型依恋——这类孩子倾向于与监护人保持一定距离，对周围不进行过多探索，监护人离开时也不会做出任何反应，当监护人回来时，他们可能会亲近或忽略监护人；
- 矛盾型依恋——这类孩子更愿意待在监护人身边，当其离开时会表现出极大的痛苦，不会对陌生情境进行任何探索。当监护人回来时，他们会变得异常黏人。

性别社会化

大家都支持性别平等，但两种性别间的差距真的很大吗？

Baby X 实验

20世纪70年代，心理学家做过这样的一个实验：被试需要短暂地照顾一个婴儿，他们中的一部分人被告知婴儿是个叫琼的女孩，另一部分人被告知这名婴儿是个叫约翰的男孩。被试会因婴儿的性别而采用相应的互动玩耍方式：陪男孩玩时，被试会轻轻摇晃婴儿，鼓励他活泼一点，给他玩软橡胶锤这类的玩具；陪女孩玩时，被试会抚慰孩子让她安静，给她玩柔软的毛绒玩具。研究人员表明，我们在身处襁褓时就接受了性别差异的社会化和训练。

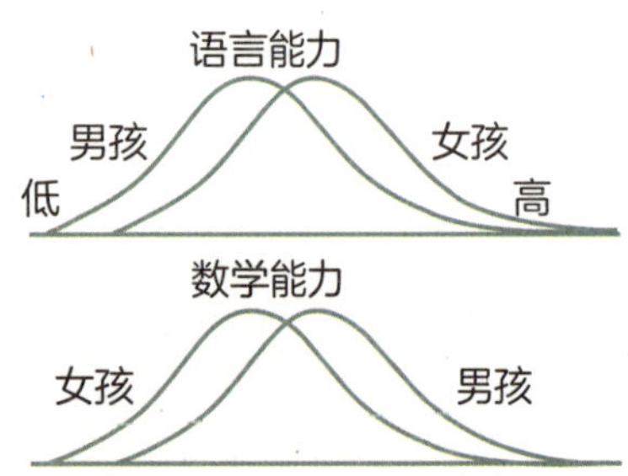

性别的差异性

在性别差异方面，似乎确实存在一些先天的不同：女孩通常在语言能力上更优秀，而男孩通常更擅长数学。但这种性别优势有很多重叠之处：有些女孩精通数学，而有些男孩擅长语言。

性别的相似性

一项在21世纪开展的对数百项性别差异型研究的大型分析表明，在几乎所有心理特征方面，男性和女性的表现都很相似，只有少数情况例外（如投掷距离）。性别差异会随年龄的增长而变得微乎其微，而年轻人在荷尔蒙的作用下会表现出更泾渭分明的性别差异。

游戏

游戏对身体、社会和认知的发展都至关重要。

游戏的作用

游戏在儿童练习各种技能、培养各项能力方面发挥着重要的作用。在安全的环境中，练习不同类型的技能可以让儿童从错误中获取经验，并通过不断的重复提高身心素质。许多小动物也会游戏，以此培养自身在成熟期所需的技能。

游戏的类型

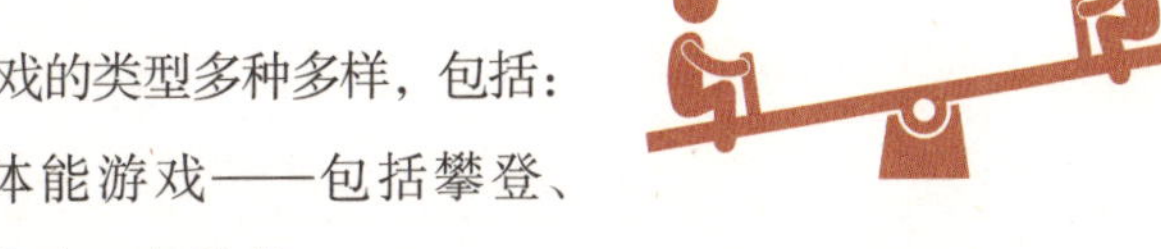

游戏的类型多种多样，包括：

- 体能游戏——包括攀登、奔跑、争抢等。
- 物体互动游戏——在游戏中使用玩具、娃娃或日常物品。
- 假想游戏——需要运用想象力的游戏，常与物体互动游戏相结合。
- 社交游戏——包括单纯地和其他孩子们一起玩，也包括与他人积极地合作。
- 文字游戏——笑话、双关、押韵或只是通过文字的发音进行游戏。

成年人的游戏

即使长大后，我们也没有丧失游戏的能力：成年人会与自己的孩子一起玩耍，此外，我们也有很多正式的游戏形式，如智力问答、桌游、电脑游戏和体育运动等。这些休闲活动反映出我们是如何在一生中不断锻炼技能的，而非仅在童年时期发展这方面的潜能。

皮亚杰的认知发展理论

让·皮亚杰（Jean Piaget）是20世纪认知发展领域的重要人物。

自我中心主义

皮亚杰认为，我们在出生时是完全以自我为中心的——也就是说，我们的整个世界完全围绕着“我”。我们的首个心理图式逐渐形成，对“我”和“非我”之间做了区分。在随后的成长过程中，我们对其环境进行着愈发复杂的“操作”（有结果的行动），从而发展出更复杂的图式。皮亚杰认为，自我中心主义观念的逐渐削弱是孩童时期认知发展的基础。

认知发展阶段

皮亚杰将认知发展分为了以下四个阶段：

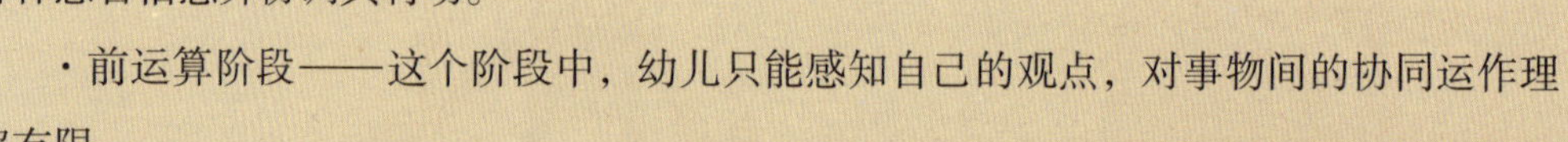

· 感知运动阶段——在这个阶段，小婴儿会不断学习如何解释感官信息并协调其行动。

· 前运算阶段——这个阶段中，幼儿只能感知自己的观点，对事物间的协同运作理解有限。

· 具体运算阶段——儿童的思维仅局限于真实、实际的世界。

· 形式运算阶段——儿童在这个阶段可以处理一些抽象或理论的认知操作。

理论影响

皮亚杰的认知发展理论被广泛用于教育项目中，对20世纪下半叶的许多教育家产生了深远影响。然而，对该理论的重新评估表明他低估了儿童的社交意识。

社交能力的培养

与他人有效互动是儿童学习过程中的重要组成部分。

剑桥项目

20世纪80年代，朱迪·邓恩（Judy Dunn）对关于儿童理解能力的传统假设提出了质疑。邓恩的团队并没有选择在游戏小组或实验室中对儿童进行观察，而是选择在家庭环境下对儿童进行行为学研究。研究发现，儿童的行为远比传统研究中显示的复杂，并具有更强的社交能力。

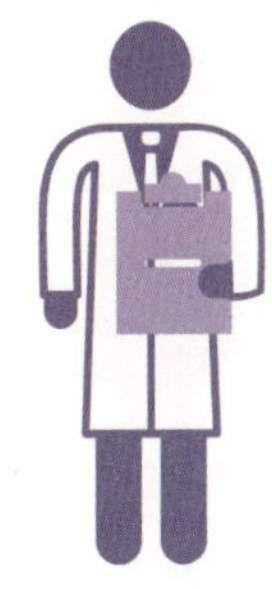

理解他人

研究发现，即使是很小的孩子，也会戏弄其他家庭成员，还会和年长的兄弟姐妹吵架。两岁的孩子就很擅长捉弄人了，并能有意识地观察别人对其做出的反应，如故意做一些明令禁止的事，同时观察母亲的反应，并在被呵斥后大笑。该研究还显示，孩子们会试图安慰处于困境中的其他人，并且对他人的行为意图和社会规则表现出比传统理论解释下的更深刻的理解。

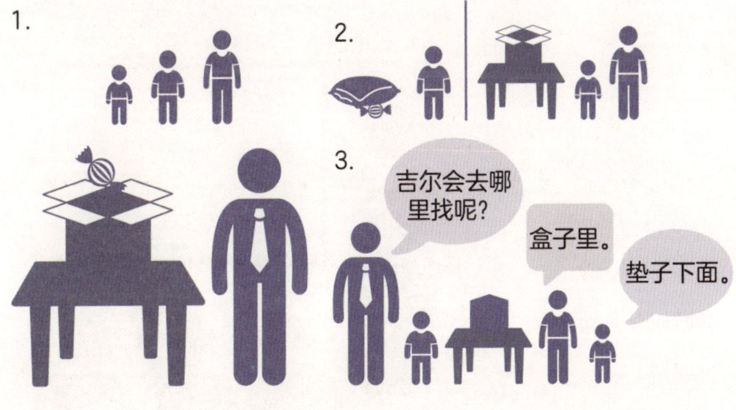

心智理论

其他研究表明，儿童在四岁左右会逐渐发展出一套自己的心智理论。在四岁之前，他们会认为别人的想法和自己一样。但四岁之后，他们会发现其他人可能有不同于自己的经历，看待事物也会有不同观点。

维果茨基的认知发展理论

苏联心理学家列夫·维果茨基（Lev Vygotsky）探讨了文化对人类发展的影响。

社会互动与语言

20世纪20年代，西方儿童心理学家普遍强调长大成人的过程，而列夫·维果茨基却提出了异议，他认为儿童的认知发展是他们所接触到的社会互动和语言的产物。直到20世纪60年代，维果茨基的理论才被翻译成英文。不过从那以后，他的理论就被广泛应用于现代教育。

最近发展区

维果茨基认为，长大成人的过程本身只会产生一种非常基础的、对世界的“原始”理解，但儿童的学习过程会涉及一个广泛的最近发展区，其中包含儿童通过与他人互动学习到的内容。这一最近发展区可能存在于正规教育中，但也可以存在于儿童与家人、朋友的互动中 或是儿童通过阅读及其他方式（例如媒体）接触到他人思想的过程中。

成年人的重要性

与成年人或是年龄稍长的人进行接触，能促进儿童形成自己的思想，同时可以提供额外的信息以支撑并拓展儿童的现有经验。这些精神架构为儿童提供了一种认知支架，儿童通过它来建立自己对世界的理解。

控制与效能

在一定程度上，我们可以把童年看作一个漫长的技能发展时期，在此时期里，儿童会不断培养其生活所需的心理、生理和社交技能。

技能、图式与建构

童年时期，我们所发展的技能可以分为三个方向：身体、认知和社会。通过积极的游戏、创造性的活动和各种精细运动（如学习、写字），我们可以培养自身的身体技能；通过发展愈发复杂的图式应对外部世界，我们可以培养自身的认知技能；通过完善用以解释他人行为的个人建构，我们可以培养自身的社会性技能。

自我效能

培养积极的自我效能信念是儿童时期发展的重中之重。在面对一般的生活挑战时，相信自己有能力做出有效行动的儿童远比自我效能低的儿童表现出色。后者往往在遇到困难时直接选择放弃，认为没必要做无谓的尝试。

心理控制点

积极的自我效能信念为我们（不论是成年人还是儿童）提供了一个内在的心理控制点。经证明，这一心理控制点对促进积极的心理健康有很大作用，代表着我们可以通过自身努力来控制或影响环境。

科尔伯格的道德发展阶段理论

劳伦斯·科尔伯格（Lawrence Kohlberg）提出了一个有影响力的道德发展理论。

前习俗水平

在这个水平，儿童会从完全遵守规则的角度看待道德的正确性。这个阶段的第一个阶段是关于如何规避惩罚，换言之就是要做正确的事，不然就可能会惹上麻烦。第二个阶段，重点从规避惩罚转向了行善会带来好的结果。

习俗水平（传统道德）

在这个水平，道德判断是基于社会共识的。在第一个阶段，对行为好坏的判定取决于做这些行为的人的意图。在第二个阶段，儿童能够开始关心广泛的利益，并且能根据社会需要判断行为的好坏。

后习俗水平（自主道德）

在这个水平，儿童开始认识到个人责任，并培养内在的对错意识。在第一个阶段，人们越来越认识到社会规则和对错意识可能因文化而异。在第二个阶段，儿童或成人已经能够识别普遍抽象的正义原则，同时意识到原则需考虑多元化的社会和不同的公约。

社会因素对发展的影响

我们与他人的互动对自身发展有很大影响。

成就动机

有些孩子比其他人更有表现出色的动力。心理学研究表明，成就动机的大小与父母的鼓励和支持紧密联系。鼓励孩子努力的父母比那些仅仅是奖励他们取得成功的父母更有效。

自证预言

他人的期望可以创造一个自证预言：有些事情的实现仅因为人们会按已知的预言行事。譬如，老师认为不聪明的孩子在学校极有可能学不好，父母认为有音乐天赋的孩子比父母没有这个想法的孩子更容易接触音乐学习，因而孩子更有可能在音乐方面取得更高成就。

文化差异

每种文化都有自己不同的教育方式，这些方式差别很大。尽管存在差异，但人们在成年后却越来越趋于相似。这主要是因为基本的学习过程在本质上是相同的：即使我们的学习经历不同，在儿童步入成年的过程中，我们的认知模式、身体技能和自我效能都在不断发展。

埃里克森的心理发展理论

爱利克·埃里克森（Erik Erikson）定义了我们在人生不同阶段所遇到的心理冲突。

· 信任与不信任——婴儿早期

在过度信任他人、不信任所有人以及无法与他人充分沟通这三者间维系平衡。

· 自主与自我怀疑——婴儿后期

培养个人能动性，而非质疑个人能力。

· 主动与内疚——童年早期

培养个人责任感和自主行动的能力，而非充满内疚和自疑。

· 勤勉与自卑——童年中期

学会努力克服困难，而非接受失败或逃避挑战。

· 身份认同与角色混乱——青春期

尽管要达成各种社会身份不断增多的要求，但仍需培养出一以贯之的个人身份，而非不知所措、没有明晰的自我意识。

· 亲密与孤独——成年早期

与他人建立亲密和信任的关系，而非因感到压迫、痛苦就去逃避亲密关系。

· 创造与停滞——成年中期

过上有所收获且积极的生活，认可个人成就，而非停滞不前、在心理上缺乏活力。

· 自我完善与失望——成年晚期

能以积极的态度回顾自己的生活和成就，而不是将这一切视为徒劳。

青春期

青春期并不总是“狂风骤雨”。

角色转变

青春期是角色和职责转变的时期，身处其中时，往往难以适应：社会角色的数量增加了，朋辈群体变得越发重要，也许需要开始寻找兼职工作，来自家庭的期望也更加复杂。

无法避免的压力？

对青春期的经典概括是：这是一个情绪动荡的阶段，但事实上，并非人人如此。许多人都轻松度过了青春期，没有经历激烈的冲突或波动。然而，这段时期确实会发生大量变动，因此体恤和宽容的抚育方式会有很大帮助。

压力来源

青少年的压力来源有很多，下列是其中几个重要的影响因素：

- 不稳定的情绪——身体由儿童状态向成年人转变，荷尔蒙的变化可能带来情绪波动。
- 社会变化——须不时地处理多样且可能互相冲突的社会要求。
- 生理变化——需要适应身体形象的变化，这种变化有时会比较麻烦，比如粉刺。
- 社会形象问题——须学会如何将自己融入同龄人和他人之中。
- 家庭冲突——父母或其他人未能适应青少年的身心变化而产生的冲突。

友谊

友谊利于心理健康并提升个人舒适度。

友谊与大脑

当我们想到自己的朋友时，大脑有四个主要区域在运作。这些区域与人脸辨识、奖励、情感和情绪调节功能有关，它们的协同运作表明了友谊对我们至关重要。朋友可以是家人一样的、非常亲密的人（大脑对他们的反应与对家庭成员的反应一致），也可以是工作上的同事或偶然认识的人。不论是哪一种朋友，都能促进我们的心理健康：即使是随意的互动也能缓解孤独，让我们感觉更好。

社交网络

我们的社交网络包括线下网络和线上网络。我们总在与他人相遇，有时可以通过社团活动、体育比赛、兴趣爱好和其他团体结交朋友。即便线上社交体系已经表现出诸多好处，比如能帮助青少年和长期内向的人参与更多社会互动，但线下的社会接触对我们来说仍至关重要。

羞怯

许多人都有羞涩的经历，但它可以通过有意识的社会互动来克服。有意识地练习寒暄和对话技巧可以帮助人们克服自身的羞怯。

成年生活

成年后，我们的身心仍在发展、变化。

成人阶段的心理发展

生活充满变化。我们不断迎接新的挑战、学习新的东西。我们的身体随自身的经验而改变，也随着我们年龄的增长而改变。我们周围的人也在改变。因此，即使成年之后，我们的心理仍在持续发展。

家庭生命周期

下面显示的是一个简化版的家庭生命周期模型，在真实世界中，大多数家庭都比模型显示的要复杂得多。

- 蜜月期——无子女的夫妇。
- 培育期——有两岁以下孩子的家庭。
- 权威期——有学龄前儿童的家庭。
- 诠释期——有学龄儿童的家庭。
- 互赖期——有青少年的家庭。
- 启动期——孩子开始长大离家。
- 空巢期——所有的孩子都已长大离家，只剩下中年夫妇两人在一起。
- 退休期——家庭成员已从工作中退休。

中年危机

很多人都经历过中年危机。在这段时间中，我们得以重新评估自己迄今为止所完成的事情，并做出巨大改变，如搬家、从事完全不同的工作或建立全新的情感关系。这种掌控人生的感觉往往会增强我们的心理幸福感。

应激性生活事件

应激性生活事件量表会对常见的应激性生活事件赋以对应的压力值。这些事件有好有坏，下面我们来看几个例子：

事件	压力值
配偶去世	100
离婚	73
分居	65
入狱	63
父母或近亲去世	63
个人伤害或疾病	53
结婚	50
失业	47
退休	45
怀孕	40
性爱困难	39
新生儿的诞生	39
财务状况发生变化	38
好友去世	37
工作职责的变化	29
子女长大离家	29
与配偶父母不和	29
获得杰出的个人成就	28
开始 / 结束求学	26
生活条件的改变	25
在工作中与老板发生争执	23
搬家	20
社交活动的改变	18
饮食习惯的改变	15
节假日	13
圣诞节	12

就其本身而言，上述列表中的事件并不难处理。但如果一年内总分超过300分，来年患严重疾病的概率就会大大增加，且分数越高，患病风险就越大。

衰老

我们对“衰老”的理解或许迥然不同。

心理健康

虽然我们通常认为衰老是件负面的事，但心理学研究表明，老年人通常比年轻人更快乐。这可能要部分归功于他们对退休后生活的积极适应，并有机会追求个人的兴趣爱好。大多数人在老年时仍能保持健康活跃，只有在生命最后的五年左右健康才会每况愈下，记住这一点尤为重要。

衰老类型

心理学家通常把年龄分为五类：

- 主观年龄，即个体自己认为的年龄。
- 生物年龄，即身体机能下降达到的年龄。
- 功能年龄，即个体参与活动及事情的程度。
- 社会年龄，指个体与其他家庭成员和普通大众互动的方式。
- 实际年龄，即个体自出生起计算的年龄，也就是我们的确切年龄。

角色数量

退休后，我们扮演的社会角色数量减少。承担新的社会角色，保持角色数量，对于退休后的心理健康状况非常重要，同时对延缓衰老有着极大帮助。

从认知角度了解衰老

我们的心理能力不一定会随着年龄的增长而下降。

衰老与智力

研究表明，我们的智力实际上是随着年龄的增长而增加的。早期研究之所以得出截然相反的结论，是因为这些研究往往采用了横断设计，按年龄分组进行比较，未考虑到年长者的不同经历、教育背景等。而纵向研究表明，只要我们保持用脑，智力会是增长的！

衰老与记忆

记忆也不一定随年龄增长而下降。研究发现，与退休人员相比，年轻人确实更不容易记错事情，但是老年人更容易意识到自己记错了。年轻人可能只是耸耸肩，不把这当回事，但老年人每次都会意识到，并担心自己记忆力下降。

痴呆症

许多老年人害怕痴呆症认为大脑空白或记错事情就是最初的征兆，但事实并非如此。其实，只有不到10%的老年人会受到痴呆症影响。痴呆症是一个过程，而研究显示，运动和其他活动可以大幅减缓这一进程。

个体差异

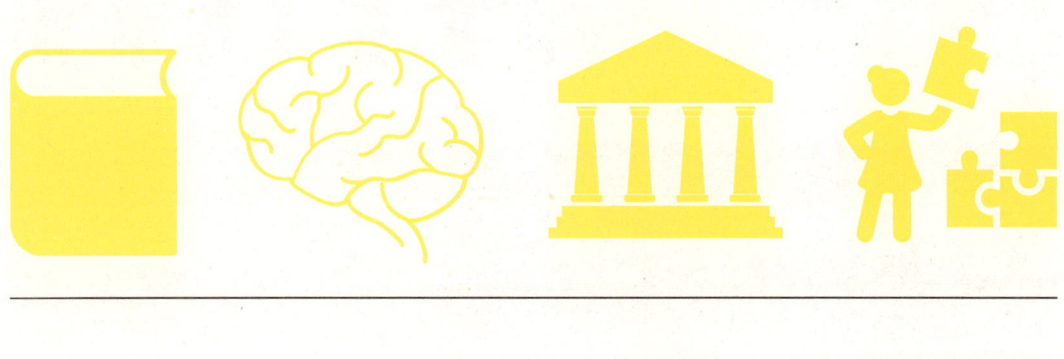

个体差异是什么

智力和人格是个体特征的主要方面。

智力

对智力的研究总是充满争议。例如有研究表明，有某些特定背景的人在智力测试中更容易的高分。这一现象在20世纪上半叶尤为明显，彼时的智力测试对来自非白人文化的人、女性以及低社会经济阶层的人有明显歧视。现在的测试已经尝试公平对待所有文化背景的人，避免出现这些问题，但仍不能完全摆脱文化的限制。

人格

人们倾向于相信人格由不同的特质组成。但是也有其他的人格理论强调我们对世界的独特认知，或是我们过去的人际关系对我们之后与其他人互动方式的影响。

常态

早期心理学家认为常态是有标准的，可以进行测量，但人类社会远比这复杂得多。某种文化甚至某一地区的常态也许对其他文化而言就是异态。每个人都与众不同，现代生活充满了选择和复杂性，所以理解个性比追求常态更加重要。

智力测试

最初的智力测试并非为了测量智力。

首个智力测试

1905年，阿尔弗雷德·比奈（Alfred Binet）设计了一个测试，用以判断哪些儿童适合法国政府为“低能”儿童设立的特殊学校。这些学校提供免费食宿，政府担心有的正常孩子会被训练成假装发育迟缓的样子。为此，他们需要一个客观的测试方式。

IQ 公式

比奈认为智力是可以逐渐提高的，所谓“低能”儿童只是需要更多的时间发育而已。他对大量儿童进行了测试，研发了一系列小问题或谜题，由不同年龄的孩子解答，由此测量出孩子的心理年龄，然后，将这个年龄除以这个孩子的实际年龄，再乘以一百，就得出这个孩子的智商，即IQ。

$$\text{智商} = \frac{\text{心理年龄}}{\text{实际年龄}} \times 100$$

一成不变?

比奈坚定地认为，IQ 只是孩子发展过程中对当前情况的概括，测量结果并非固定不变，而这份测试也只是为矫正教育提供信息的实用工具而已。不过，后来的研究人员对待 IQ 的态度截然不同。

智力理论

一些心理学家在寻找影响智力的普遍因素。

斯皮尔曼的二因素理论

查尔斯·斯皮尔曼（Charles Spearman）开发了一套既适合成人也适合儿童的智力模型。他的模型表明了一个数学和空间能力很强，但语言能力很差的人也可能总体智力水平很高。这一模型将智力看作两个基本组成部分：特殊因素与一般因素。特殊因素即 s 因素，与我们在某一特定领域的经验和技能有关，一般因素即 g 因素，是对智力的整体衡量。

流体智力与晶体智力

雷蒙德·卡特尔（Raymond Cattell）认为智力的一般因素由两个独立的部分组成。流体智力是指我们在没有任何认知经验的情况下，运用认知技能来处理新情况或新问题的能力。晶体智力则指教育或日常生活中所得知识和技能的应用能力。

AH 测试

爱丽丝·海姆（Alice Heim）与她的同事开发了一系列应用于大型团队（如学生）管理的智力测试。AH 测试每项包括120个项目，对三种智力类型进行测试，分别为：

言语智力——使用和理解语言的技能。

数理智力——数学和计算的技能。

知觉智力——观察和探知的技能。

多元智力理论

部分心理学家认为个体的智力因素绝不是单一的。

吉尔福德的多因素理论

乔伊·保罗·吉尔福德（J. Paul Guilford）认为智能结构是模块化的，由多达180个不同的认知技能组成。这些技能可以被分为三大类：

· 心理操作——大脑执行任务的方式。

· 内容——任务中涉及的心理表征或记忆。

· 产物——任务产生的结果类型。

加德纳的多元智力理论

1985年，霍华德·加德纳（Howard Gardner）对原有的智力理论提出了质疑，认为普遍形式上的单一智能是不存在的。相反，我们有七项完全独立的智能，分别是：

· 语言智力——语言和阅读的能力。

· 音乐智力——音乐鉴赏、表演和作曲的能力。

· 数理智力——数学计算和逻辑推理的能力。

· 空间智力——辨认方向、构建三维空间，以及在视觉艺术中使用的能力。

· 运动智力——运动、跳舞或完成日常活动的能力。

· 人际智力——理解社会信号、与他人建立关系的能力。

· 内省智力——理解、预测自身行为的能力。

三元智力理论

罗伯特·斯腾伯格（Robert Sternberg）的智力模型将几种不同的方法融为了一体。

另辟蹊径

罗伯特·斯腾伯格认为，智力不应仅为解决谜题所用，因为这既不能反映我们的日常智力，也不能反映不同文化背景下人们眼中智力行为的差异。他的理论围绕智力的三个独立层面：情境、经验和成分。

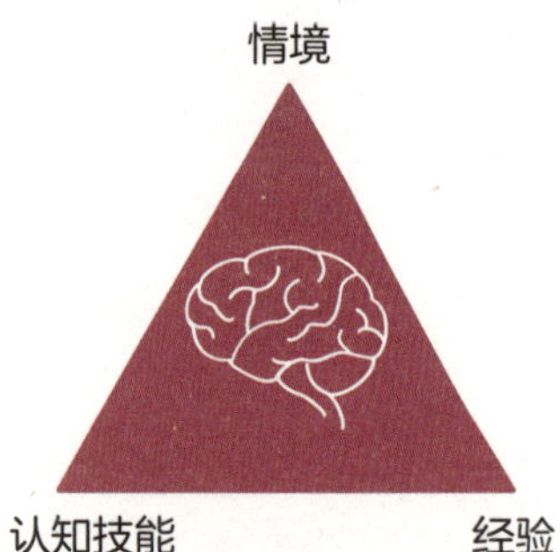

情境智力

情境智力是在社会文化背景下对智力的判断。在某个社会情境中明智的事情或许换到另外一个社会情境中就是一件愚蠢的事。从当下的情境到行动所发生的文化背景都可以看作某个行动的情景。

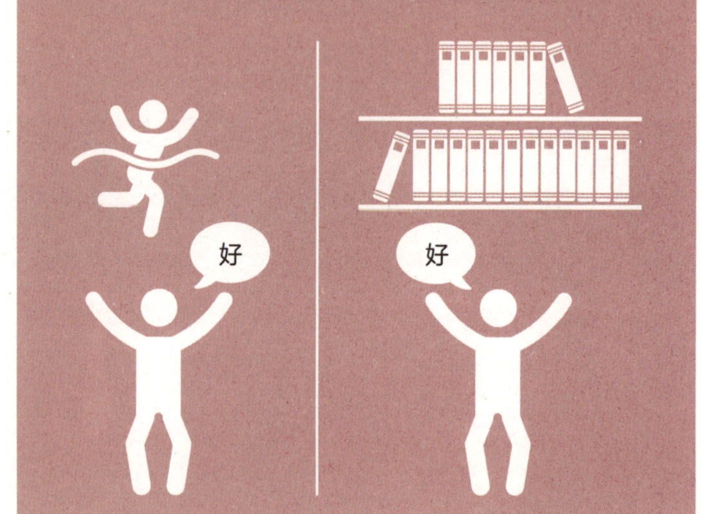

经验智力

经验智力是我们[illegible]的个人经验或从他人处获取的间接[illegible]验来学习技能与各项能力的智力，帮助我们处理意外或熟悉的情形。

成分智力

成分智力是智力测试所判断的认知技能，包含三个部分：

- 知识习得成分——学习新知识的过程。
- 操作成分——诸如数学、语言技能等能力。
- 元成分——决策或计划等高阶过程。

情绪智力

能与他人积极互动也是另一种智力类型。

比智商还重要?

1995年，丹尼尔·戈尔曼（Daniel Goleman）提出，对他人体贴本身也是一种智力。此外，他还指出良好的人际能力（高情商）往往比高智商更为重要。

情绪技能

情绪智力是一组复杂的能力，有时难以定义，既包含对他人的体恤，也包含对自我的认知。在心理测试中，往往通过以下维度衡量：

- 共情能力
- 情绪感知能力
- 人际关系能力
- 适应新环境的能力
- 情感表达能力
- 不易冲动的能力
- 幸福
- 乐观
- 自尊
- 复杂情况下的情绪管理能力
- 自我情绪调节能力
- 自驱
- 自信
- 社交能力
- 对来自自我和他人的压力的管理能力

人格特质还是习得技能?

关于情绪智力应该被视为一种人们天生或多或少所具有的人格特质还是一种后天习得的技能，一直存在着一些争论。人类婴儿从出生起就善于交际，但同时，在童年和成年期我们也通过与他人的互动不断学习这一技能。有些人可能比其他人学得更好。

人格特质

人格特质的早期研究可以归功于其三大领军人物。

奥尔波特

戈登·奥尔波特（Gordon Allport）的人格特质研究始于他通过查阅字典收集到的4500个用于描述个性的单词。他将这些词汇分成了三类：首要特质，即最能代表一个人特点的人格特质；中心特质，一般为大多数人所共有的特质，例如诚实；以及次要特质，即只有在特定情况下才会出现的特质，如个人好恶。

艾森克

继奥尔波特的研究后，汉斯·艾森克（Hans Eysenck）和雷蒙德·卡特尔对人格特质理论进行了完善，使其变得广泛流行。艾森克认为人格特质有两大维度：内向—外向和稳定—神经质。这两个维度源于个体的生理气质，而其他人格特质则通过不同的方式组合而成。

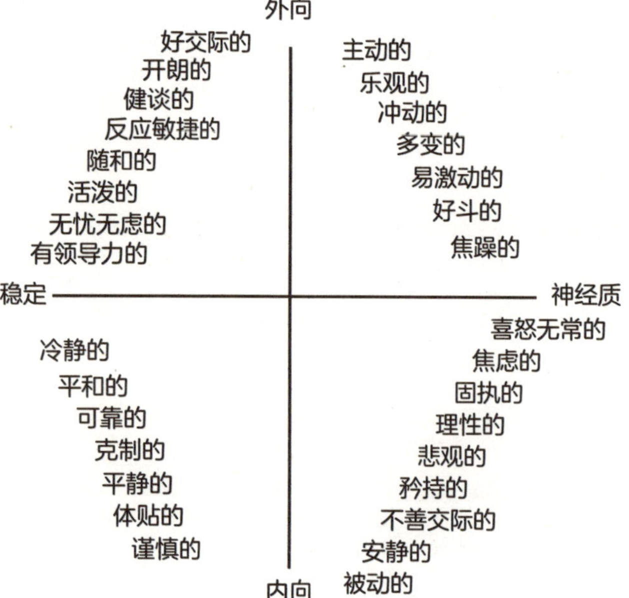

卡特尔

雷蒙德·卡特尔的数据来源有三个：生活记录、自我评价和客观测试。他利用因素分析法，确定了16个主要的人格特质：

- 矜持或开朗
- 愚钝或聪明
- 情绪激动或情绪稳定
- 顺从或主导
- 严肃或乐天
- 敷衍或一丝不苟
- 胆怯或敢于冒险
- 坚强或敏感
- 轻信或多疑
- 实际或富有想象力
- 直率或精明
- 自信或忧虑
- 保守或激进
- 依赖或自立
- 随心所欲或自律
- 放松或紧张

大五人格理论

通过对众多人格测量进行因素分析，其中有五大维度脱颖而出。

神经质

神经质程度高的人会对其周遭的事情做出强烈的情绪反应。相反，神经质程度低的人会更冷静、不慌不忙、不易冲动。

经验开放性

经验开放性描述了一种普遍的生活方式，包括积极的好奇心、敏锐的想象力和对探索的偏好。经验开放性低的人往往倾向于实事求是、平淡无奇、缺乏想象力。

尽责性

尽责性指可靠、自律和有条理的倾向。尽责性高的人可能是完美主义者，他们往往比较固执、有洁癖。相反，尽责性低的人可能更加粗心、散漫、容易冲动。

外向性

外向性高的人往往更加健谈、好客、喜爱与他人交际，而外向性低的人则较为内向、喜欢独处或简单的社交场合。不过，值得注意的是，我们大部分人都属于中向性格，即有时享受自己的陪伴，有时享受社交体验。

宜人性

宜人性是我们与他人交际、合作的总体倾向，宜人性低的人会更加多疑、带有敌意。有证据表明，这一特质可能随着年龄的增长而增加。

心理测试

心理测试必须符合某些严格的标准。

测试标准

虽然心理测试表面上看起来和问卷或智力游戏没什么区别，但实际却非常不同。每个测试都经过精心设计以满足严格的信度与效度标准。此外，这些测试还必须在不同类型的人群中进行广泛试验，以通过分数划分确定具有代表性的群体标准。

信度与效度

如果测试在类似的情境中产生了不一致的结果，该测试会被认为可信度低，不适合作为心理测量工具使用。同样，如果测试没能按设计测量出应该测量的结果，会被认定无效。效度的三种类型为：

- 结构效度——是否反映了人们对该特征的普遍理解？
- 效标效度——是否符合同一事物的其他衡量标准？
- 生态效度——是否符合实际经验？

一成不变的人格?

沃尔特·米歇尔（Walter Mischel）认为“人格”是个完全虚构的概念。人们在不同的情况下会有不同的行为表现，并可能显示出完全不同的人格特质。不过，特质理论学家认为，如果这是真的，特质测量就不会与实际行为相关联，但研究却表明它们通常是相关的。

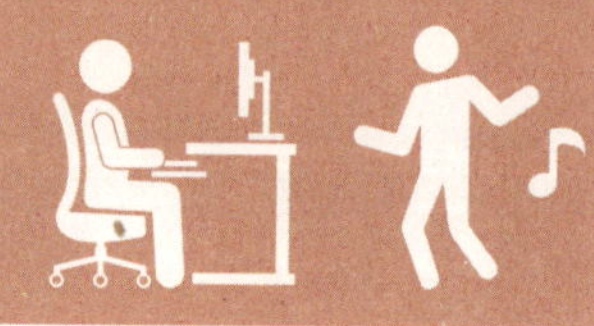

个人建构理论

人人都是科学家。

经验的意义

乔治·凯利（George Kelly）认为，我们之所以能成为独特个体的原因之一是我们以不同的方式理解世界。当我们对自身经验进行诠释和学习时，会发展出一套独特的个人理论（建构），并用以应对新的情况，比如遇到陌生人的时候。

个人建构的本质

我们有很多个人建构，但通常主要使用的只有八九个。个人建构通常是两极化的，可以用成对的形容词表达，如残忍－善良。但词汇的意义对不同的人来说并不总是相同的。如，其他人可能会使用“残忍－敏感”或“残忍－迷人”这样的建构，这些词的含义略有差别。

凯利方格

可以通过将认识的三个人分组，思考其中两个人的相似之处和与另一个人的不同之处这种方式识别个人建构。建构治疗师有时会使用这种方法创建一个方格集合以识别患者的建构理念，并可能为他们的心理问题找到关键突破。

罗杰斯的人格理论

罗杰斯认为，人有两种基本需求。

有条件的认可

临床心理学家卡尔·罗杰斯注意到，几乎他遇到的所有神经症患者都经历过父母“有条件的认可”，在他们的成长过程中，只有好的行为才能得到父母的赞扬。但由于大多数孩子天性顽皮，久而久之，他们接收到的信息就变成了：只有完美的孩子才会被喜欢，而那个真实的、有时会调皮的自己是不被喜欢的。

无条件的积极关注

罗杰斯认为，每个人都需要至少一个人给予的无条件积极关注，即使在我们不完美的情况下还是能喜欢、爱或是尊重我们。如果这一点无法得到保障，人们就会压抑真实的自我，以确保得到他人的尊重或认可。

自我实现的需求

对认可的持续需要抑制了我们的另一个基本需求：自我实现。自我实现是我们成长和发展的心理需求，是对学习新事物、发挥自己才能的需求。然而，当我们执着于他人的认可，就很难勇于尝试新鲜事物，以防他人的不认可。

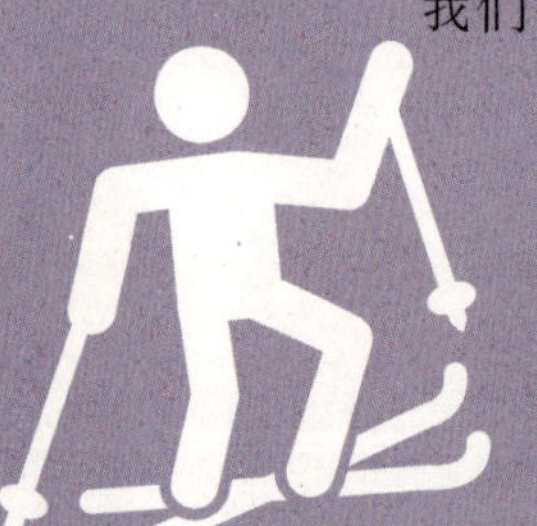

成年康复

罗杰斯发现，成年后，来自治疗师、治疗小组，或是一段新关系的无条件积极关注可以帮助人们达成自我实现的需求，增进人们的心理健康。

什么是“异常”？

定义“异常”并不像我们想象得那么容易。

定义“异常”

界定我们所说的“正常”或“异常”是非常困难的。人们千差万别，生活在截然不同的文化中，表现出广泛的个体差异。因此，没有任何一种单一的生活方式是“正常”的。

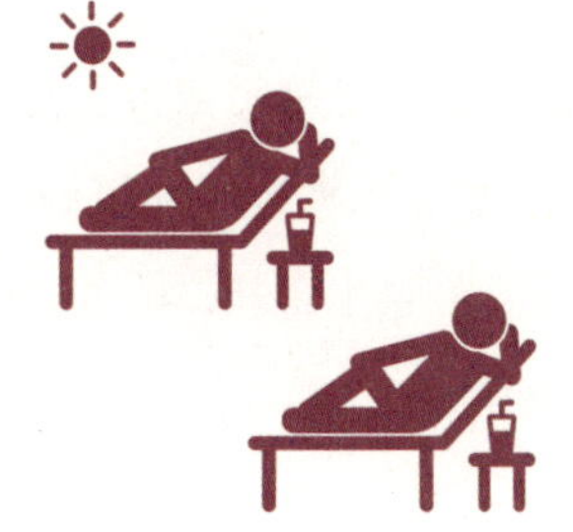

统计学定义

先来看一看统计学的定义：“正常”是指大多数人的样子，而“异常”是指“与正常不同”。但这种定义会把那些天赋异禀或是精力尤其充沛、成绩尤其优异的人归类为“异常”，这与我们通常想要表达的含义不同。

生活中的困扰

每个人都是不同的，因此，也许定义“异常”的最有效方式就是单纯地看某一特定个体的行为是否给他或她的实际生活带来了困扰。

社会判断

“正常”是一种社会判断，完全取决于人们的习惯。将“正常”生活搬上荧幕是极具挑战性的，因为编剧需要戏剧冲突，而真正的正常生活却往往相当平淡。例如，如果现实世界中的人们表现出肥皂剧《东区人》（*Eastenders*）中那种夸张的攻击性社会行为，他们就会被认为是精神错乱。

成瘾与依赖

要摆脱朝夕相伴的成瘾类药物，并不轻松。

依赖

人们经常谈论的药物成瘾实际上就是依赖。身体依赖是指身体已经习惯了药物的存在，需要更大的剂量才能获得相同的效果。心理依赖是指一个人已经习惯于服用药物，因此，失去药物就会变得焦虑。心理依赖是大多数药物问题的主要影响因素。

成瘾

成瘾的含义更为具体，指身体已经习惯于特定的药物或其他物质，一旦失去这种药物或物质，身体机能就无法正常运作。成瘾者之所以会经历令人不快的戒断反应，就是因为他们的身体正尝试在没有药物的情况下进行运作。戒断咖啡因之后的头痛就是一个常见的例子。

螺旋渐进的戒断过程

通常，戒断是一个螺旋的进程：放弃戒断而后再次成瘾，仿佛一种死循环；但实际上每次循环，成瘾者都在距离药物更远，距离恢复更近。成瘾者的每个恢复周期都从自我心理准备开始，然后尝试戒除药物。多次尝试后，成瘾者总能成功摆脱药物。因此，尽管戒断期间的复发会令成瘾者的家庭成员感到沮丧，但彻底摆脱药物是完全可能的。

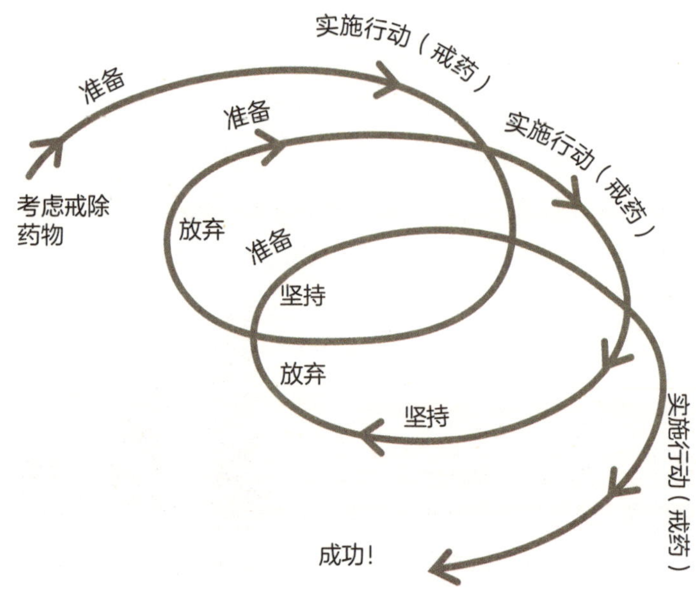

临床心理学

临床心理学是什么

心理学是针对人类心智的科学研究，但心理学家必须接受进一步培训才能与客户或患者个人进行心智沟通。

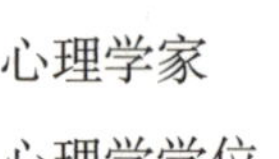

心理学家

心理学学位

心理学家在取得学位后可以选择在不同的领域继续研究，包括教育心理学、职业心理学、法医心理学、健康心理学以及临床心理学。

临床心理学家

必须拥有心理学博士学位

临床心理学家对患有抑郁、焦虑、成瘾等心理健康问题的病人进行治疗。

诊疗测验

临床心理学家通过访谈和心理测试的形式对患者进行临床评估。测试分为客观测验和投射测验两种。客观测验要求患者以选择的方式回答问题，如是或否，真或假，而主观测验（投射测验）则允许患者随意作答。有时也会通过智商测验对患者的感知推理、语言理解、工作记忆和处理速度等能力进行评测。

TAT 测验

TAT 测验的全称为“主题统觉测验”，测验内容包括向患者展示大约 20 张关于人们做事时模棱两可的图片，并询问患者对图片的理解，如，你认为图中发生了什么？在此之前发生了什么？接下来会怎样？你认为图片中的人在想什么，有什么感受？

TAT 测验示例

从患者对印有“看着小提琴的男孩”的图片给出的反馈，我们可以得知患者对于学习、专注和成就的态度。同时，也可以了解患者的过往信息，尤其是当患者被逼迫做自己不喜欢的事情的经历。

精神病学

精神科医生接受过心理健康方面的进阶培训，这种经历为他们提供了观察人类身心的独特视角。

什么是精神病学?

精神病学是一门关注心理健康问题的学科，为心理健康问题提供诊断和治疗。经过医学培训，精神科医生才得以在使用心理治疗之外，辅以医学和药理学干预进行治疗。精神科医生被委以诊断、治疗最严重的精神障碍和疾病的重任，例如精神分裂症。

诊断手册

精神病学家和心理学家使用《精神疾病诊断与统计手册》(即 DSM)诊断精神疾病。

精神药物

精神科医生可以为病人开具药物，如抗精神病药、抗抑郁药、兴奋剂(用以治疗注意力缺陷多动障碍)、抗焦虑药(治疗焦虑症)和情绪稳定剂(用于控制严重的情绪波动)。

精神病学、心理学还是心理治疗?

	认知行为疗法(CBT)	心理治疗	12步互助小组	医疗管理	药物治疗
抑郁症	√	√			√
焦虑症	√	√			√
人际关系问题		√			
酒精、药物成瘾问题	√	√	√		√
进食障碍	√	√		√	√
精神分裂症和双相情感障碍		√		√	√

心理治疗与心理咨询

心理治疗师和咨询师接受的是心理治疗方面的培训，而非心理学或医学方面的培训。

二者的区别

心理治疗和心理咨询被普遍认为是同一门学科，因为咨询师和心理治疗师都需要接受临床工作方面的培训，学习材料中也有相同的部分。在有些国家，接受过心理治疗方法培训的人可以自由选择他们喜欢的头衔。

相较于心理治疗，咨询通常被视为一种更短、有时间限制的方法，旨在改变咨询者对特定问题的思考和行为模式。

心理治疗提供更深入、长期的治疗，旨在更深入地了解一个人对待自己和生活的方式，并在更根本的层面上发生改变。

什么是心理治疗?

心理治疗和咨询都会应用到多种谈话疗法，如：

- 心理动力学疗法
- 人本主义疗法
- 认知行为疗法
- 系统疗法
- 身心疗法
- 家庭疗法
- 艺术疗法
- 游戏疗法
- 戏剧疗法
- 催眠心理疗法
- 整合疗法

人本主义疗法

这些疗法被统称为“第三代”心理疗法。人本主义治疗师认为人的天性向善，知道对自己而言什么是最好的。

患者即专家

人本主义疗法可以应对第一代（精神分析疗法）和第二代（行为主义疗法）疗法中暴露出的消极性。这些疗法强调了人类经验的独特性，也突出了探索、深层情境理解和自我接纳对改变的重要意义。

创造性自我

前两代心理疗法的落脚点在于“心理健康问题”和病理学症状，而人本主义疗法则以认知和行为模式为载体，针对患者生活中遇到的实际问题给出创造性的解决方案。通过提高自我意识、了解自己的生活，人们可以对生活做出真正自主、自由的选择。

需治疗师与患者协力合作

客户为自己设定目标

根植于自我探索

核心自我

深刻的自我同情，在得到积极帮助的前提下，知道如何自我疗愈

识别患者的独特性

照亮我们的选择和自由意志

鼓励患者实现真实的自我

人本主义疗法的类型

- 个人中心疗法
- 沟通分析疗法（TA）
- 焦点解决疗法
- 眼动心身重建疗法（EMDR）
- 内在家庭系统疗法（IFS）
- 慈悲聚焦疗法（CFT）
- 辩证行为疗法（DBT）
- 现实疗法
- 人类天赋疗法
- 格式塔疗法
- 存在主义疗法
- 现象学疗法
- 超个人疗法
- 正念疗法
- 接纳与承诺疗法（ACT）
- 感觉运动疗法

行为疗法

约瑟夫·沃尔普（Joseph Wolpe）的研究基于行为主义心理学，其成果应用于治疗室中，帮助人们克服各种恐惧症和恐慌症的发作。

诱导恐惧

沃尔普用猫咪作为实验被试，他发现，通过反复施加电击可以诱导猫咪对笼子产生恐惧。而后，这种恐惧也可以通过一种被他称为系统脱敏的方法来消除。首先，将猫咪放在一个它几乎不会感到焦虑的环境中，然后给其喂食。在每次喂食时，都要缓慢地增加环境给猫咪带来的焦虑的程度，直至它们能在笼子里吃食而不产生畏惧。

脱敏原理

沃尔普指出，这种脱敏的原理为交互抑制。即，使包含人类在内的任何动物产生一种可以与习惯性的不适反应瞬间竞争的内在反应，新的反应将逐渐抑制并最终停止习惯性不良反应的发生。在猫身上，进食行为引发了强烈的交互反应。而对人来说，则需要用其他方法来实现脱敏。

如何克服恐惧

沃尔普发现，在人们想象令其恐惧的情况或事物时，诱导其放松神经肌肉能够有效治愈他们的恐惧。

1. 沃尔普向患者教授了一种渐进式的放松技巧以实现深度放松，依次对从脚趾到头部的肌肉进行绷紧和放松。

2. 当患者达到完全放松的状态，他便要求他们想象自己恐惧症中最不可怕的版本，比如30米外的一条小蛇。

3. 一旦患者对这一想象保持完全放松时，沃尔普就会要求他们想象一条距离他们更近、体积更大一点的蛇。

4. 如果想象引起了患者哪怕是最轻微的恐惧反应，沃尔普都会帮助患者再次放松。

5. 这一过程将不断持续，直至患者能够想象手臂上盘着一条蛇，甚至是掉进毒蛇坑里。

认知行为疗法

与精神分析不同的是，认知行为疗法研究的是“当下”而非过去的思想、情感和行为，以改善一个人“当下”的心理状态。

交互反应

认知行为疗法将想法、感受和行为视为相互作用的反应，它们彼此影响。

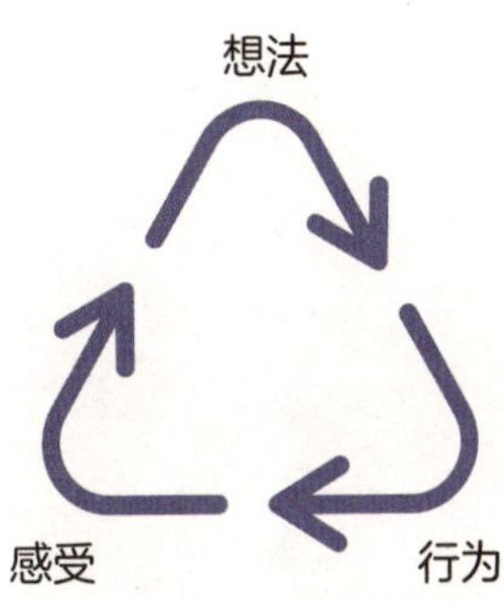

恶性循环

当面对具有挑战性的情况时，我们一般的反应是首先产生一个想法，而后这个想法会引发相应的感受和身体反应，从而决定我们的行为（我们采取什么行动）。例如，如果某人突然感到羞愧（如被别人说“你穿的是什么啊”），这会影响他的想法（如感到“我真是一无是处”）和随后的行为（如离开派对）。这一系列操作会影响他对整个事件的解释，产生新的令人不安的想法，然后是感受，最后是行为，从而使人置身于一个无止境的恶性循环中。

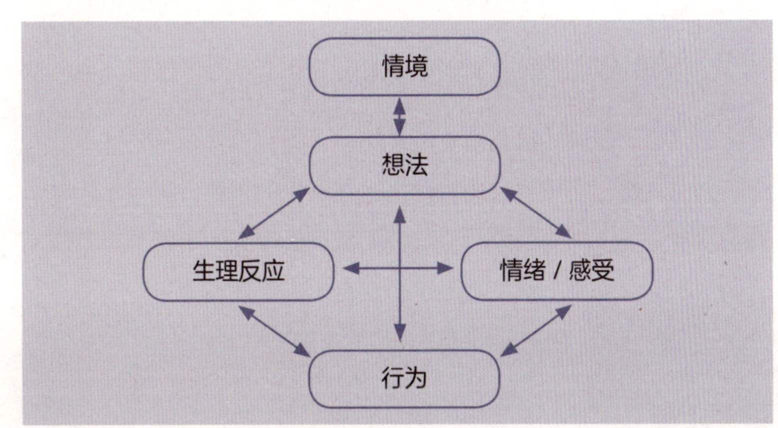

非理性信念

理性情绪行为疗法的创始人阿尔伯特·埃利斯（Albert Ellis）和认知疗法的创始人阿伦·贝克（Aaron Beck）被合称为认知行为疗法之父。贝克使用 ABC 模型来帮助人们关注当下发生事情的每个阶段。他指出，问题并不在于触发事件，而在于非理性的消极信念。如果将信念转变为理性的，即使结果仍然消极，但不会再对心理有害。成绩不佳如果与非理性信念结合，可能会诱发无价值感，但是如果持有理性反应或信念，则仅仅会产生下次要更加努力的想法。

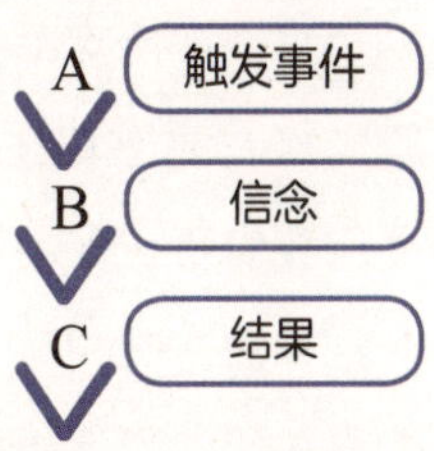

格式塔疗法

在墨守成规的20世纪50年代，一种革命性的治疗方法发展了起来，它更关注“此时此地”，而不是患者过去的“彼时彼地”。

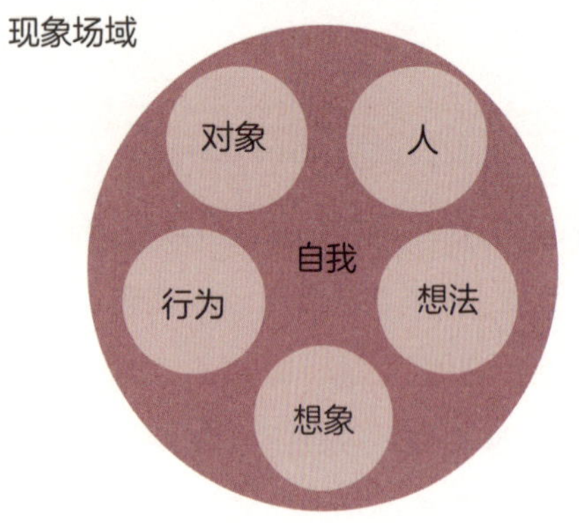

部分抑或整体

格式塔理论将每个人视为动态场域的一部分，而不是孤立的存在。场域的所有构成部分都存在某种关系并彼此影响，比如我们生活中遇到的状况和人。以自我存在的场域为出发点，我们对他人、自身和世界的看法都是由它定义的。这意味着我们不断地根据自我所处的环境来创造我们自己的现实。

关注意识

格式塔使用了一种被称为现象学的哲学方法，这一方法指出我们只能知道我们直接经历的，即我们现在所意识到的。通过密切关注此时此地正在发生的事情，我们能够区分当下感知到的东西与我们从过去带入的东西之间的区别。从这个意义上来讲，现在被应用于心理治疗正念实践中的方法正是格式塔疗法的首创。

积极防御

格式塔治疗师认为所有的防御都是创造性调整——我们以一种自发的方式调整自身以适应周遭环境，以便适应我们所在的场域并在此生存。然而，我们可能会陷入这样的情况，某一行为在最初的情境十分适宜，却不能再应用于当下的情境。格式塔治疗师会帮助患者重新获得更多的意识，使其与当下“此时此地”的生活体验建立联系。

实验

格式塔治疗师使用创造性实验来帮助患者激发他们的意识。他们可能会要求患者夸大一个动作或行为，或者外化自己的一部分并与之交谈。他们还会要求患者尝试去做一些不同的事情，或者像别人一样行事，将发生的事情当作给自己的惊喜。

个人中心疗法

卡尔·罗杰斯认为，我们对成长、疗愈和自我实现的倾向是与生俱来的。生活中的种种挑战也许会让我们暂时迷失方向，但我们总能够回到正确的道路。

非指导性疗法

20世纪50年代，罗杰斯开创了一种革命性的心理疗法，将患者自身看作专家。他认为，治疗师不应提供任何解释、诊断、保证或建议，而是采用反思性倾听的方式，帮助患者找到自己问题的答案。同时，罗杰斯指出这一疗法只有在治疗师具备三个核心条件的情况下才能使用：同理心、一致性和无条件的积极关注。在这种环境下，患者和治疗师才可以共同努力，促进变化、成长和真实自我的实现。

"这是一条奇怪的悖论：只有当我们能够接受真实的自我，才有可能对自我进行改变。"
——卡尔·罗杰斯

通往疗愈之路

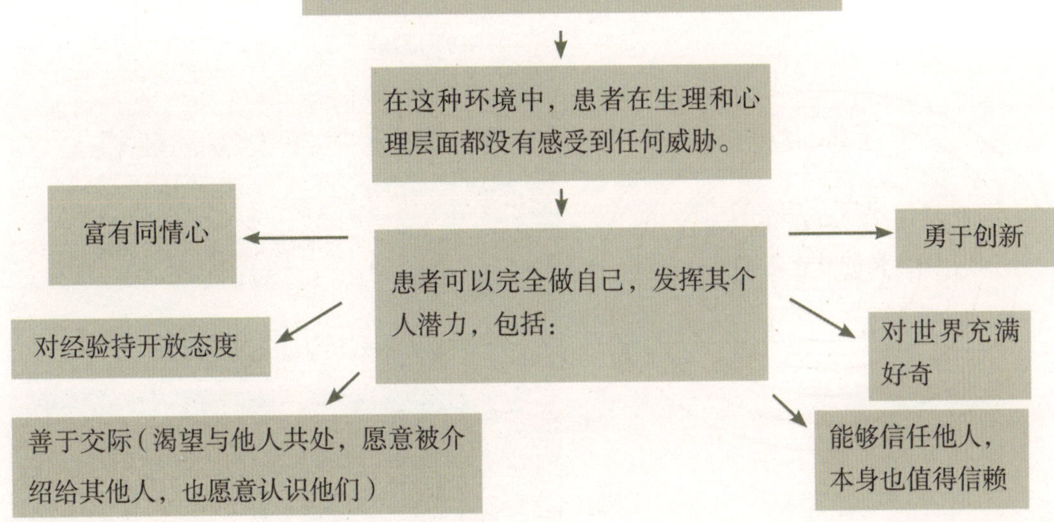

家庭系统疗法

任何一种形式的系统疗法都适用于解决家庭结构、文化或社区中可能出现的心理和人际关系问题。

在系统中治疗

当一个人与心理疾病周旋时，整个家庭都会受到影响。此外，一个人的核心关系既为其提供支持，也会带来挑战。在这种关系体系中开展系统治疗，可以发挥这些关系的正面作用。家庭疗法和其他系统疗法（涉及家庭以外的组织的疗法）对儿童患者和对那些被顽疾纠缠，需要得到大量治疗的患者尤其有效。

递进式的系统层级

系统疗法不但能辨识出个人的内在活动进程，同时可以分辨出生活中从身边家庭到宽泛社会里的每一个外部系统。多个系统以递进的关系相互嵌套，任何一个层级的变化（例如经济困难）都会影响其他层级。

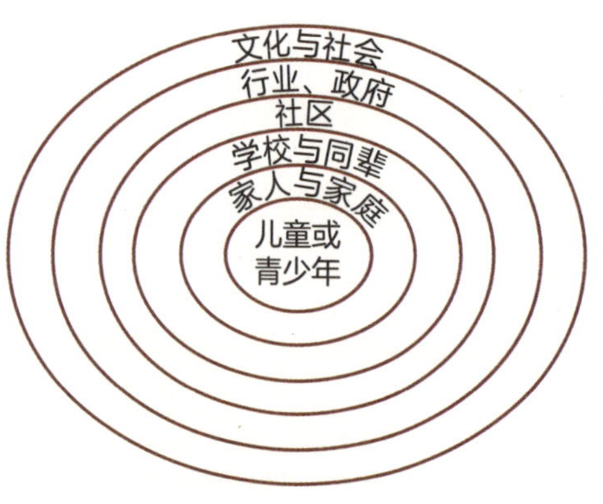

家庭治疗师的职责

· 鼓励每个家庭成员谈论他们的感受、经历和观点，并倾听其他成员的发言。

· 对家庭成员的发言进行梳理，帮助他们了解彼此的期许、诉求、信念、价值观和预期。

· 协助家庭成员停止互相指责，并着手寻找互相帮助、携手努力的方式。

· 协助家庭成员意识到自己的言行是如何影响其他成员的。

· 发掘每个家庭成员的长处：他们擅长并引以为傲的事情。

· 协助家庭成员认清他们当下面临的挑战。

· 绘制家庭族谱（一种说明人与人关系的家谱）。

· 协助家庭对其关系结构进行改变。

积极心理学

以马丁·塞利格曼（Martin Seligman）为代表的积极心理学家认为，仅关注负面情绪和行为是不够的。我们应当加强自身优势，而非单纯地修复问题。

迈向优势

积极心理学以人本主义观点为基础，认为真实的自我会引导我们走向积极的成长道路。该学派认为，准确地识别并不断发展我们的个人优势（如积极的情绪、经历和性格特质）可以提高我们的幸福感。

优势识别

2004年，马丁·塞利格曼和克里斯托弗·彼得森（Christopher Peterson）合著了《性格优势与美德：便览与分类法》（即 CSV）。与《精神疾病诊断与统计手册》相反，在这本书中我们找不到对患者做出病理诊断的依据，却可以发现那些值得鼓励的优势和美德。书中共介绍了24种性格优势，分别为：

优势强化训练

塞利格曼开创了一种积极心理疗法，该疗法包含了12个训练，供患者每日练习。例如，每天晚上写下当天发生在你身上的三件好事，并思考它们发生的原因。再比如，识别自己性格中的五大优势，并尝试每天以不同的方式对其加以利用。

正念疗法

一行禅师（Thich Nhat Hanh）将正念疗法定义为“将个人觉知保有于当下”。如今，许多治疗形式都包含了正念的元素。

停止无意识思考

正念是惯性思维的对立面。从这个层面上讲，由于其大大提高了自我意识，因此对参与所有形式心理治疗的患者来说都是有益的实践。

停止沉思

正念也被描述为一种“非刻意、非评判性的意识”。非刻意已被证实在防止钻牛角尖、焦虑升级方面有益；非评判性则培养了任何一种疗法都认为十分必要的自我接纳观念，以便我们清晰地了解自己的思想、感受和行动。

正念减压（MBSR）

1979年，乔恩·卡巴金（Jon Kabat-Zinn）开创了一种结构化的正念疗法，以帮助那些对药物治疗无反应，或是患焦虑、抑郁等慢性身体疾病的患者。这一疗法目前仍被广泛应用于世界各地的医院。研究表明，在为期八周的正念减压课程（包括正念身体扫描和冥想）后，患者的焦虑水平降低了58%，压力降低40%，疼痛级别也显著降低。

正念认知疗法（MBCT）

正念认知疗法旨在帮助有抑郁症复发史的患者。该疗法在正念减压的基础上增加了认知训练元素，结合了对功能失调思维的监测练习，以及该思维与其情绪状态的关联分析练习。案例发现，当抑郁的沉思没有遇到消极的反应，而只是被注意到，习惯性的负面情绪变化就不会再发生。

正念进食意识训练（MBEAT）

正念进食意识训练将正念减压和正念认知疗法结合到了对饮食障碍患者的治疗中，帮助那些缺乏对身体状态意识的患者，使他们再次感到“饱腹”或“饥饿”。

躯体疗法

因认识到创伤对身体自主神经系统的影响，躯体疗法采用了涵盖身心的整体方法。

停止无意识思考

Soma一词来自希腊语，意思是“身体”。创伤专家发现，身体对创伤事件的反应会对我们日常生活的多个方面产生持续影响，从身体姿态到身体症状（如疼痛、消化问题和免疫系统功能障碍）、再到心理健康问题（如成瘾、抑郁和焦虑），无一不受创伤的影响。

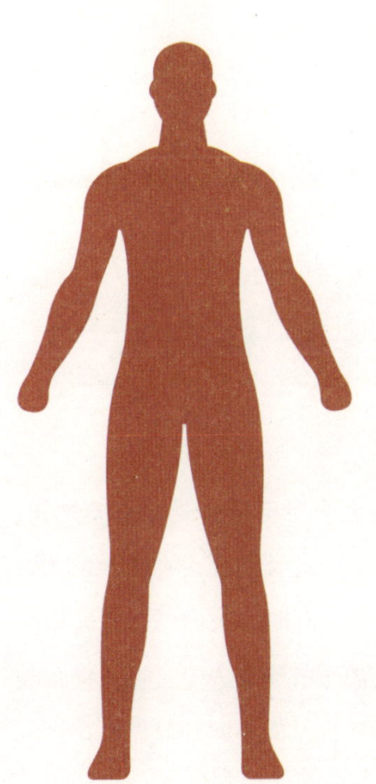

体感疗法（SE）

2010年，彼得·莱文（Peter Levine）开创了一种针对创伤后应激障碍（即PTSD）患者的躯体疗法。体感疗法认为PTSD是压力激活的表现，是对创伤事件的不完全防御反应——患者被“困在”了反抗、逃亡或冻结反应中。因此，体感疗法的目标是通过放电过程释放仍存留的导致神经系统不平衡的创伤反应，以转变固化的生理状态。

知觉追踪

在治疗过程中，患者通过对身体知觉的追踪与创伤记忆“重逢”。但这种疗法有一个前提，患者必须学会对情绪唤醒过程进行监测和调节，这样才不会被创伤击败。在治疗过程中，无须对创伤事件进行完整的复述，身体的紧张感会以一种可控的方式得到释放。

自下而上疗法

由于躯体疗法采用的是身体优先的治疗方法，又被称为“自下而上”的疗法（身体到大脑），与大多数传统疗法的“自上而下”（大脑到身体）不同。躯体疗法并非要改变我们的思想或信仰，而是要解决隐藏在情感和行为背后的身体知觉问题。

真我的组成部分

荣格派和格式塔派的治疗师发现，我们可以（而且正在）将自我分割成多个部分，每个部分都可以独立行动、发表自己的观点。内部家庭系统（IFS）为我们提供了与这些部分“共事”的方法。

多重自我

当弗洛伊德问“我们怎么会做我们不想做的事情呢”时，他知道这是一些无意识的部分在“作祟”。理查德·施沃茨（Richard Schwartz）发现，像“灌下一瓶酒”这种无意识的冲动实际源于我们自身的不同部分，而不是知道这样做不对的那部分的我们。事实上，我们的不同部分可以组成一个完整的“内部家庭”。

了解自己

内部家庭系统将每个人都看作一个系统，其中结合了生理系统和复杂的心理系统。用不同部分说话时，我们的身体反应或有不同（如想要像幼儿一样跺脚的愤怒部分），关注这些反应可以帮助我们更好地了解自己的不同部分。

不同部分的分工

施沃茨发现，不同的部分在系统内有不同的动机和作用。让我们有饮酒冲动的部分可能是在保护我们刚刚饱尝被拒绝之苦的部分。当系统中的某一部分感到绝望时，我们可能会察觉另一个理性的部分正试图用“也没有那么糟糕”的想法来安抚我们的情绪。但如果绝望感不断上升，系统内保护性的部分就会行动起来，以摄入酒精、食物，购物或运动等方式麻痹这种痛苦。

部分的类型

内部家庭系统理论认为，我们系统的中心是疗愈的真我，它泰然自若、思路清晰、充满好奇又富有创意，不同于系统中的其他部分，这是我们意识的所在。有时，我们可以在冥想中感受到这个部分的存在。在内部家庭系统疗法中，患者将跟随治疗师的引领找寻“真我”，而后向自己的不同部分靠近，直到每个部分和系统整体都重获安逸与幸福。

应用心理学

应用心理学的起源

心理学自成立以来，便被广泛地应用于各实际环境中。

工业生产——霍桑实验

20世纪20年代，埃尔顿·梅奥（Elton Mayo）和他的同事在伊利诺伊州的电力公司霍桑工厂进行了一系列研究。实验表明，在提高工人生产率方面，人为因素的影响远大于外部环境。梅奥的这一系列研究为组织和职业心理学的未来发展奠定了基础。

广告

行为主义心理学派的创始人约翰·华生在与助手的暧昧关系曝光后，学术生涯被迫终止，继而进入了广告界。他成功地将联想学习原则应用在自己的新领域，并留下了很多沿用至今的观点。

体育

20世纪20年代，世界上第一个运动心理学实验室在德国建立，对不同类型运动员的身体能力和心理智能进行研究。随后，这一研究得到了俄罗斯运动心理学家的大力发展。但是，直到第二次世界大战后的冷战时期，西方学界才普遍将运动心理学看作心理学的专业领域之一。当时，美国人担心俄罗斯会在奥运奖牌方面领先于他们，于是大力投资竞技体育以提高运动成绩。

职业心理学

职业心理学关注工作中的人。

工作分析

心理学最早期的应用之一就是对体力劳动者进行观察以了解人们工作时的实际行为。20世纪上半叶，“动作和时间”研究受到了雇主们的一致好评。尽管这一研究确实提高了生产力，但代价是工人被当作机器一般对待。相反，现代职业心理学家更强调增加工作的丰富性，让员工对其工作满意，这样才能降低离职率，从而提高员工的工作效率。

职业测试

职业测试多用于招聘、做晋升决策或查看某人是否具有从事某一工作的能力。职业心理学家在使用心理测验方面受过高度训练，甚至可以对自己的上级进行监督。

职场压力

职场压力可能会给我们的工作带来严重的负面影响，因此，很多职业心理学家都会与员工定期谈话以减轻这种压力。

这一压力的来源有很多，包括：

工作环境——如噪声或污染；

职业因素——如无法得到升职；

工作挫折——如在工作中没有话语权；

组织问题——如部门间的竞争；

工作关系——如与不友好或难相处的人一起工作；

非工作因素——如家庭问题。

组织心理学

与个人层面相比，有些心理学家更关注组织层面的问题。

团队合作

人们都喜欢合作。组织心理学家可以帮助企业协调员工分组，使每个团队对自己的领域负责，有助于保持员工的工作积极性和兴趣。高效的团队意味着成员之间能够相互激励、提高产能，从而使团队产出远高于团队各成员的个人产出之和。

组织变革

人们往往抗拒改变，但一个组织要想在发展的现代需求中生存，变革就成了必不可少的环节。通过参考组织中对工作实际更为熟悉的基层员工及其管理层的见解，心理学家得以协助企业资深管理层以积极的方式实施变革。有效的沟通是成功实施组织变革的关键之一。

组织文化

每个组织都有自己独特的文化。即使是两个职能相近的组织，它们的工作习惯和实践方式也可能大相径庭。组织心理学家能帮助提升组织荣誉感，建立能激励员工、创造性地应对变革的组织文化。

健康心理学

没有疾病离“健康”的标准还差得远。

促进积极健康

以宣传健康的生活方式来促进正向、积极的身心健康是健康心理学的重要组成部分，包括对饮食结构的调整（多吃水果、蔬菜）、增加体育锻炼、戒烟戒酒等。然而，知道应该怎么做并不代表真正能做到。因此，健康心理学家往往利用态度改变、行为改变和社会认知的心理学知识制定更有效的策略。

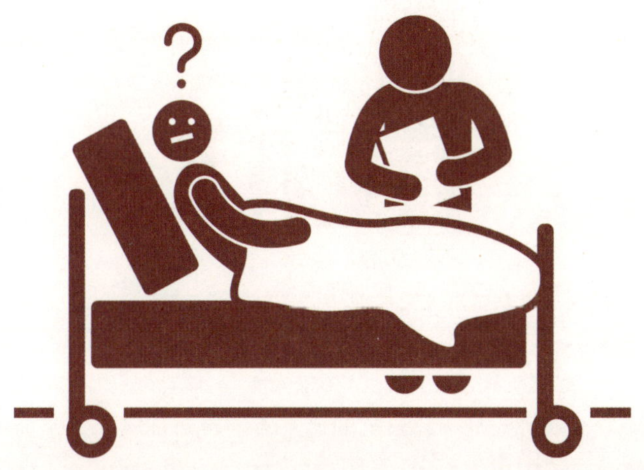

健康沟通

专业医疗人员与其患者或客户之间进行的沟通并不总是有效的。健康心理学家可以以研讨会或培训课程的方式帮助医生、护士更清晰地沟通，比如，用患者能听懂的话代替专业术语。

病情管理

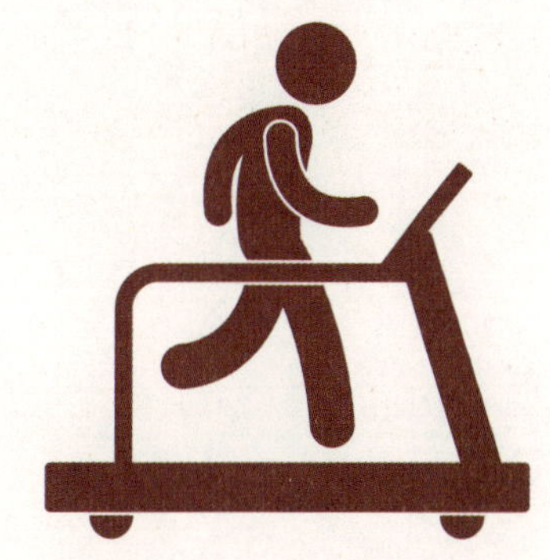

实际上，很多疾病是无法治愈的，但患者仍可以从生活方式的调整中受益。健康心理学家设计了可以控制慢性疼痛的方案，并对其他专业人员进行培训，以帮助糖尿病患者和有心力衰竭或类似问题的患者管理自己的病情。

教育心理学

教育心理学家总与“问题小孩”打交道。

成绩欠佳

教育心理学家既是合格的教师，又是专业的心理学家，这使得他们有足够的能力发现学生成绩欠佳的原因，包括：

- 个人因素；
- 特定的学习困难或感觉障碍；
- 社交因素——家庭压力或不适当的惩罚；
- 标签效应——如被认为蠢笨，因而无法接受足够的教育；
- 社会因素——如性别刻板印象。

特殊需求评估

教育心理学家的工作重点包含对特殊需求进行识别、评估，并给出适当的解决方案，如，对阅读困难或计算困难的孩子做出诊断、为自闭症儿童创造温暖的学习环境、为残疾学生提供校园设施保障，甚至是为成绩优秀的学生带来更多挑战思路。

校园霸凌

暴力、威胁或是不易察觉的恶意言语攻击都属于校园霸凌的范围。尽管校园霸凌的受害者只是个人，但它绝非个体层面的问题，而是整个学校的问题，是由群体内认同等社会心理因素引发的。解决这一问题需要教育心理学家与教育领域的政府工作人员、学生家长和老师紧密合作、共同努力。

运动心理学

运动心理学是应用心理学中一个历史悠久的分支。

动机

运动心理学研究始于20世纪20年代。多数运动心理学家都在成绩优异的运动队任职，帮助运动员或整个团队保持求胜的动机。所有职业运动员都具有很高的成就动机，但真正获得成功不能只靠奖励，还需要毅力，即制定可管理的目标、对成功或失败做出适当的归因，并保持内在动机。

技能学习

运动心理学家也会参与制订技能学习计划，这些计划因运动和运动员个体而异。例如，足球和无挡板篮球等开放式技能需要练习理解场上信息并能针对情况变化快速响应；射箭或花样滑冰一类的封闭技能则需要强调肌肉的精准性，要求运动员能准确地重复动作。

取得最佳成绩

运动员的成绩同样受心理意象的重要影响。研究证明，运动技能也可以通过心理练习得到提高。在脑海中勾勒出自己在体育竞赛中“勇冠三军”的画面，甚至可以影响真实比赛的输赢结果。

犯罪心理学

犯罪心理学是将心理学原理应用于罪犯和司法系统的心理学分支。

涉及领域

犯罪心理学主要涉及四大领域：

法律体系——为警察和地方法官开展培训，如问询培训等。

刑事侦查——例如开展犯罪侧写。

监狱系统——为犯罪者制定看管方案。

政治制度——例如就犯罪者及其受害者的待遇提供建议。

问询培训

错误的问询方式可能会导致目击者的记忆扭曲，从而给出错误的信息。因此，心理学家需要对警察进行问询培训，以确保他们不会不小心影响相关人员的记忆。此外，问询培训还包括对强奸或儿童性虐待等敏感情况的处理方法和认知问询，即通过认知心理学帮助人们准确地记忆细节。

犯罪侧写

犯罪侧写指通过案件中的细枝末节对罪犯的行为模式进行识别，并与其他线索结合，对罪犯的人格类型进行粗略的描述，可以大大缩小对犯罪者的搜寻范围。

消费心理学

消费心理学家将心理学应用于市场营销领域，对消费者的行为进行分析。

广告

我们的生活中充斥着各式各样的广告，为了确保它们足够吸引眼球，广告商们需应用大量的心理学知识，包括：

- 社会认同——如邀请名人为产品代言，针对特定的社会群体投放广告等。
- 感知——如对色彩和高辨识度图案的运用。
- 符号沟通——如使用蓝色或绿色表示新鲜，或在意大利面酱的广告中使用意大利国旗的颜色。
- 听觉——通过音乐提升顾客的情绪或使宣传标语更加令人难忘。
- 记忆——参考早期广告或提及备受瞩目的事件。
- 问题解决——有些广告会故意设计得含糊不清，需要动动脑筋才能理解，以此加深观众的印象。

市场调研

市场调研是消费心理学的另一个重要部分，用以获取消费者的反馈意见并对产品的市场做出预估。为此，市场调研人员必须掌握相关的心理学技能。

决策制定

消费者的决策制定也是认知心理学的研究课题。例如，决策框架是影响决策制定的重要因素，它与环境和问题的提出方式有关。

环境心理学

心理学思维同样被应用于解决环境问题。

何为“环境”

“环境”一词有多种不同的含义，包括环保问题、动物栖息地、人类生活环境、拥挤程度、个人空间、气温、空气质量、对自然环境和人造环境的区分，以及如何将人造环境改造得更加适合人类生存。环境心理学家需要与上述领域的专家共同协作。

绿色生活

大多数人都向往更加“绿色”的生活方式，但考虑到我们的日常需求，这种生活方式的实施远没有那么简单。环境心理学家倡议开展环保运动，例如鼓励人们改正浪费的习惯。

行为改变

有效的行为改变涉及两个重要的心理因素：1. 可管理的目标：设立小而易管理的增量目标是坚持环保生活方式的好主意。2. 自我效能信念：我们必须意识到自己的行为能够真实地带来改变。换言之，即使这一挑战是全球性的，我们仍能采取有效行动。

心理学研究中的伦理

伦理问题在现代心理学研究中至关重要。

动物研究

20世纪上半叶的心理学研究对实验动物的关怀十分有限。部分实验设计过于残酷，还有相当一部分压根没有进行的必要，例如，一些动物实验是以课程作业的形式完成的，而非真正意义上的研究。逐渐地，人们的态度发生了改变。如今，动物实验的数量已大幅减少，并且需要遵循严格的伦理准则：实验目的必须合理，实验过程中应避免动物实验对象的恐惧、痛苦或不适。

尊重被试

不仅是动物，人类实验对象也常受到虐待，如20世纪40年代的明尼苏达饥饿实验。尽管实验旨在帮助饥荒救济项目，但由于参与者长期处于饥饿状态，其生理、心理都受到了严重伤害。这类研究现已被现代伦理准则严令禁止。

欺骗与困扰

20世纪80年代以前，对被试隐瞒真相是心理学研究的例行公事。很多人因此遭受了心理困扰，如自我信念的严重损害。现代心理学研究的伦理准则规定：实验参与者应拥有知情权，并同意参与实验。主试应尽量减少欺骗行为，不可对被试造成困扰。

心理学的范畴

心理学研究范围广泛，小到微观层面的遗传影响，大至社会政治层面的人类文化，都是其研究的部分。

心理学的多个层面

心理学家在心理学的诸多领域中探索，从微观到宏观社会的不同层面都有所研究，包括以下几个部分：

文化影响——关于育儿方式的研究等；

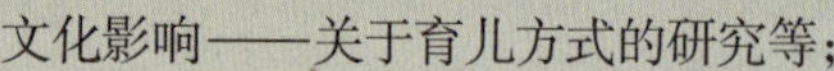

社会政治影响——关于社会表征的研究等；

亚文化与社会地位——关于消费者决策的研究等；

社会认知——关于社会脚本的研究等；

社会群体与家庭——关于群体内部及群体间的研究等；

人际交往——关于谈话的研究等；

自我知觉——关于自我意象及意象投射的研究等；

意图与动机——关于计划和有目的行动的研究等；

认知与情感——关于害羞和恐惧的研究等；

习惯与习得联想——关于成瘾和康复的研究等；

生理学——关于唤醒和压力的研究等；

遗传学与进化——关于婴儿社交和依恋的研究等。

虽然每个心理学家只会针对这其中的一两个层面进行研究，但他们的工作对心理学的整体范畴做出了贡献，为心理学提供了理解丰富人性所需的广度和深度。

大事年表

19世纪中叶：

对大脑功能的兴趣日益浓厚（菲尼斯·盖奇、布罗卡、韦尼克）

19世纪后期：

第一批心理实验室和主要出版物（詹姆斯、冯特、艾宾浩斯）

1900—1930年：

智力测验的发展（比奈）

对动物学习的广泛研究（桑代克）

行为主义心理学的出现（华生）

1931—1950年：

主动记忆（巴特莱特）

霍桑研究：组织心理学[梅奥和罗特利斯伯格（Roethlisberger）]

格式塔心理学的发展（科勒、考夫卡）

印刻现象与遗传行为[洛伦茨、丁伯根（Tinbergen）]

遗传模型，如学习、人格的遗传模型（皮亚杰、艾森克）

1951—1970年：

人本主义心理学的成长（马斯洛、罗杰斯）

从众的初步研究（阿希）

母爱剥夺辩论（鲍比，路特）

婴儿的社交能力（谢弗）

学习与教育的社会层面研究（班杜拉、布鲁纳、维果茨基）

1971—1990年：

服从与社会角色（米尔格伦、津巴多）

认知革命（奈塞尔、巴德利）

旁观者干预[拉塔内（Latané ）]

智力和创造力[加德纳、斯腾伯格、德博诺]

对家庭行为的行为学见解（邓恩）

道德准则的建立[鲍姆林德（Baumrind）]

1991—2020年：

社会革命（塔杰菲尔、莫斯科维奇、休斯顿[Hewstone]）

积极心理学（塞利格曼）

对定性分析的认可度提高[贝洛夫（Beloff）、比利格（Billig）]

情商（戈尔曼）

自我效能与思维模式[班杜拉、德韦克（Dweck）]

系统1与系统2的构想（卡尼曼）

术语汇编

利他主义：为他人而非自己的利益行事。

原型：能在无意识中引起共鸣的，众所周知的人物或事物。

依恋：婴儿与父母之间建立的关系纽带。

态度：对待事物的一种相对稳定、习得的方式。

归因：为事情发生原因进行总结的过程。

观众效应：旁观者对任务执行者施加的影响。

权威人格：一种人格综合症，对道德和社会问题持有僵化、不宽容的态度。

自动化：一个学习过程，在此过程中，可以不假思索地做出习得的动作或技能。

自主神经系统：与内分泌系统相连的神经网络，与激励和情绪有关。

行为主义心理学：一种心理学学派，认为只有观察、操纵行为才是解读人类的必要手段。

头脑风暴：一种团体决策方法，全员不加评判地分享观点，集思广益。

旁观者干预：偶遇陌生人求助时愿意提供帮助或是拒绝帮助。

中枢神经系统：大脑和脊髓。

昼夜节律：以24小时为一周期的生物节律。

封闭技能：专注于精确的肌肉控制技能，而非根据环境的随机变化来调节的技能。

相互作用：与其他人一起行动。

认知：心理过程，包括感知、记忆、思考、推理、语言和某些类型的学习。

认知失调：自身持有相互矛盾的观念造成认知失衡，进而带来情绪上的紧张烦躁。

条件反射：行为主义对于学习（刺激－反应学习）这一术语的另一种说法。

从众：在人群中随波逐流，以避免公开场合下的意见分歧。

抵消平衡法：规划实验准备，使每个条件在呈现顺序之类的方面是平等的。

深度线索：能够在图片或现实环境中提示物体与自己之间距离。

话语交际：人们以象征、文化和行为层面的方式表达思想或交流经验。

自我：心智中与现实接触的部分，平衡现实与本我、超我的要求。

自我中心：一种假设，即整个世界都以自我为中心，只有直接影响自己的事物才客观存在。

脑电波技术：通过在头皮放置电极获得的脑电活动记录图。

情绪智力：敏锐感知他人情感的能力，用于理解社会交往中的情感层面交流。

情景记忆：关于具体事件和经历的记忆。

认知论：在不同的专业领域或研究中，都能够被算作有效的知识或依据。

道德准则：限定了被普遍接受的伦理规范准则。

行为学：关注自然环境中的行为本身。

消退：缺乏强化导致的反射消亡。

外向性：一种性格倾向，更喜欢外向性的社交行为。

图形－背景知觉：将结构化的视觉经验转变为形状（数字）与背景分离的基本属性。

基本归因偏差：把自己的行为归结为情境性的，但认为别人的行为都是倾向性行为。

格式塔心理学：一个心理学流派，强调人类倾向把经验、认知看作一个整体。

群体思维：一个牢固的群体由于缺乏对其他观点的接触而变得自满且脱离现实。

晕轮效应：赋予具有可贵品质的人更多优秀品质的倾向。

启发式思维：解决问题的捷径。

人本主义心理学：一个心理学流派，强调人类经验积极、动态的方面。

本我：根据弗洛伊德的说法，“本我”是无意识人格的原始部分。

印刻现象：快速的学习形式，早熟性动物在出生后不久就表现出来，会对父母产生快速、强力的依恋。

自卑情结：一种根深蒂固的无意识反应，因感到自己不够优秀或不如别人而引起。

内省：分析记录自己的心理状态、信念或想法。

智商：描述某人在智力测试中得分情况的数据。

横向思维：特意跳出传统的假设和框架以寻求解决方法的思考方式。

学习定势：进行某些熟悉的学习类型的准备。

力比多：性和生命的能量，弗洛伊德最初认为它是人类所有行为的驱动因素。

心理控制点：对所发生的事情归因，分析影响因素是来自自身还是外部环境。

中年危机：通常会发生在50岁左右的人身上，在此阶段，他们会重新评估自己的生活轨迹，可能做出巨大改变。

正念：通过重视即时经验和积极思考达到心理健康的方式。

思维模式：心理预设，可能对学习起到促进或抑制的作用，效果取决于个人的自我效能信念。

助记符：帮助人们记忆信息的策略，通常涉及音韵或意象等。

树立楷模：提供可为他人所效仿的榜样。

表征模式：记忆经验的方式，包括主动表征（肌肉记忆）、图像表征（视觉图像）和符号表征。

先天论：一种假设，认为知识或能力是与生俱来的，即可被遗传继承的。

先天和后天：盛行于20世纪50—60年代的理论辩论，不具备实际意义，讨论特定的心理能力是通过遗传还是经验习得的。

神经通路：由功能相同的神经元群组组成，连接形成大脑不同区域的通路。

神经元：神经细胞。

神经质：导致紧张或焦虑行为的一般倾向。

神经递质：由神经细胞释放并被邻近细胞吸收的化学物质，会导致受体细胞或多或少地受到刺激。

伤害性感受：疼痛感。

犯罪侧写：根据犯罪行为留下的线索，对犯罪者可能的性格和习惯进行描述。

嗅觉：对气味的感觉。

单次学习：仅凭一次经验就习得技能的快速学习形式，例如，避开会引起呕吐的食物。

开放性技能：需要对来自环境、不可预测的输入做出反应的技能，如，团队运动所需的技能。

操作性条件反射：由于动物或人类行为的结果而发生的学习行为。

辅助语言：通过人们说话方式传达的非语言信息，例如语调、停顿或“嗯”和“呃”的杂音。

参与观察法：主试参与研究，但被试毫无察觉的研究方式。

知觉：解析感官信息的认知过程。

知觉定势：感知某些特定刺激而非其他刺激的准备状态。

周围神经系统：连接身体其他部位与大脑和脊髓的神经系统。

个人建构：在经验的基础上发展出个体理解世界的方式。

快乐原则：用弗洛伊德的理论来说，即无论社会习俗如何，本我依照即时满足需求的方式行事。

积极心理学：强调人类经验中的积极方面的心理学领域，例如利他主义或幸福。

早熟动物：一出生或孵化就可以移动的动物。

先备学习：物种在进化过程中已经存在的学习，如，早熟动物的印刻现象。

亲社会行为：利他、乐于助人或友好的行为：本质为以对他人有益的方式行事。

前瞻性记忆：记住我们未来需要做的事情，如记得尚未发生的约会。

定性分析：一种数据分析方法，使用口头或说明性信息，注重对意义的描述。

定量分析：侧重于数字和统计推断的数据分析方法。

问卷谬误：误以为可以通过问卷的形式即可获得人们真实的行为、想法或感受。

强化：以某种方式加强学习，通常用于操作性或经典条件反射，但也适用于其他形式的学习。

快速眼动睡眠：涉及快速眼球运动的睡眠阶段，通常指做梦。

凯丽方格：激发个人建构、显示个人如何使用它们来解释其经验的系统。

角色数量：个体所扮演的社会角色的数量，通常随退休而急剧下降。

刺激–反应学习：行为主义心理学认为，学习是外部刺激（S）和行为反应（R）之间的简单联系，否认过程中的任何认知或心理加工。

图式：包括记忆、想法、概念和行动方案在内的心理框架或结构。

脚本：一种众所周知的社会行动和沟通模式，被社会公认的、在特定情况下的适当行为。

自我实现：充分实现并发挥自己的能力和才华。

自我效能信念：坚信自己能够成功做成某事的信心。

自证预言：他人对某个人或群体的期望一经言语表达，就更易变成现实。

自利偏差：与对他人行为的评判相比，我们会为自身行为做更积极的归因。

语义记忆：对过程的通用理解，如做事的方式。

社会认知：我们对社会信息和社会经验的思考与解释方式。

社会认同理论：一种强调个体作为社会群体成员对自我概念的建构、决定对他人和事件的反应的理论。

社会惰化：一种个体在集体任务中的表现不如他们独自行动时的表现的倾向。

社会表征理论：表明共同信仰如何发展、传播，并被用来解释现实、为社会行动辩护的理论。

躯体的：与身体有关的。

阈下知觉：对某一微弱、无法被意识到的刺激的无意识知觉。

超我：无意识的一个部分，像严格的家长一般，推行责任、良知和义务。

联觉：多种感官体验叠加或混合，使感官收入变得扭曲、混乱，如将某种声音与颜色联系在一起。

心智理论：意识到他人可能会有与自身不同的想法和独立的思想，通常在三岁至四岁时发展。

神经传导：将信息从一种形式转换为另一种形式的过程：如将声波转换为电脉冲。

三元智力理论：一种将智力分为情景、经验和成分三个层面的智力理论。

工作记忆：用于在特定时间执行特定任务的即时记忆。

最近发展区：儿童在他人的帮助和指导下可以习得的内容。